AF391568

TRAITÉ PRATIQUE

DU GRÉEMENT

DES VAISSEAUX

ET

AUTRES BÂTIMENS DE MER.

TOME SECOND.

TRAITÉ PRATIQUE DU GRÉEMENT DES VAISSEAUX

ET

AUTRES BATIMENS DE MER :

Ouvrage publié, par ordre du ROI, pour l'instruction des Elèves de la Marine, sous le Ministère de M. DE FLEURIEU;

PAR M. LESCALLIER, Commissaire - Général des Colonies, ci - devant Ordonnateur dans la Guiane Hollandoise, & ensuite dans la Guiane Françoise, Correspondant de la Société Royale d'Agriculture de Paris.

Avec Planches & Figures.

TOME SECOND.

Contenant les Planches, & diverses Tables.

A PARIS,

Chez { CLOUSIER, Imprimeur du ROI, rue de Sorbonne.
{ FIRMIN DIDOT, Libraire, rue Dauphine.
A Londres, chez P. ELMSLY, Libraire, in the Strand.
Et à Amsterdam, chez GABRIEL DUFOUR, Libraire.

M. DCC. XCI.

AVERTISSEMENT.

ON a mis toutes les Planches dans un volume séparé du discours, afin que l'inspection des figures soit plus facile aux lecteurs, en suivant le texte de l'ouvrage. On a joint à ce volume : 1°. les Tables de proportions & poids des Cordages de chaque rang de vaisseau; 2°. la Notice des planches & figures, avec la désignation des Livres, Chapitres, & Articles auxquels elles ont rapport, & les numéros des pages où il en est fait mention, afin de faciliter aux lecteurs les recherches des explications séparées de tel objet, ou de telle figure, qui frapperoient en particulier leur curiosité, en parcourant ces planches; 3°. Une liste alphabétique des termes de Marine, qui par occasion se trouvent définis dans ce Traité; & 4°. enfin la Table des matieres.

AVIS AÙ RELIEUR.

La préfente feuille de Frontifpice fera fuivie des Tables de proportions des cordages , &c. fignatures *a* à *i*. Les trente-quatre Planches feront placées fur des onglets affez longs, obfervant de ne les plier que le moins poffible, & fur un feul pli celles qui dépaffent la largeur du format.

On placera les trois feuilles de la Table des matieres après les Planches, c'eft-à-dire tout-à-fait à la fin de ce fecond Volume.

ERRATA
POUR LE TRAITÉ DU GRÉEMENT.

TOME PREMIER.
LIVRE PREMIER.

LIVRE SECOND.

On est prié de vouloir bien prendre la peine de corriger ces fautes à la main, pour concourir aux soins qui ont été donnés à l'exactitude de l'impression, si essentielle dans un ouvrage de ce genre.

ÉTAT

É T A T

es proportions & poids des Cordages qui composent le Gréement d'un Vaisseau de chaque rang, & des Cables, Grelins & Rechangé, qui entrent
dans son armement; le tout décrit dans le Livre second de ce Traité.

ages du té aux- es les ob- sont dé-	DÉNOMINATIONS.	Pour un Vaisseau de 80 Canons.				Pour une Corvette de 20 Canons, ou un Navire de 300 à 500 Tonneaux.			
		Nombre.	longueur en brasses.	Grosseur en pouces.	Poids en livres.	Nombre.	longueur en brasses.	Grosseur en pouces.	Poids en livres.
249	Drisses de Pavillon..................	2	60	$1\frac{1}{2}$	24	1	30	1	6
	MAT D'ARTIMON.								
	Cordages du Mât.								
& 108	Etai................................	1	19	9	317	1	$10\frac{1}{2}$	5	51
	Ride à cap-de-mouton pour *id*........	1	14	$3\frac{1}{4}$	41	1	$7\frac{1}{2}$	2	7
109	Itague à moque pour *id*............	1	5	5	26	1	3	$2\frac{1}{4}$	5
	Garant pour *id*. ou ride............	1	14	3	28	1	$7\frac{1}{2}$	$1\frac{1}{4}$	5
à 99	Haubans............................	12	144	$6\frac{1}{2}$	1248	8	60	$3\frac{1}{2}$	153
	Rides pour *id*....................	12	140	$3\frac{1}{4}$	310	8	50	$1\frac{1}{4}$	33
	Pendeurs des palans du Mât........	2	9	$6\frac{1}{2}$	78	2	4	$3\frac{1}{2}$	10
	Palans doubles....................	2	90	3	180	2	48	$1\frac{1}{4}$	32
	Araignée (*)...................	1	50	$1\frac{1}{4}$	20	1	40	1	10
96	Gambes............................	8	44	$2\frac{1}{4}$	69	6	21	$1\frac{1}{4}$	14
					2341				326

*) Je n'ai pas fait mention des *Araignées* dans la description du Gréement des Vaisseaux, parce qu'on les a
primées presque par-tout, depuis qu'on a fait les Hunes plus courtes: cependant, comme on en met encore
ez généralement à l'Artimon, je vais en donner l'explication:
On appelle Araignée, ou *Patte d'Oie*, un menu cordage de la garniture de Vaisseaux, formant plusieurs bran-
s ou rayons divergens, en passant dans différens trous pratiqués à ce dessein à la face avant & circulaire de la
ne, & ensuite dans les trous d'une moque oblongue: cette moque est tenue à l'Etai du même mât, au-dessous
la Hune, par un bout de cordage qui l'embrasse & saisit par sa cannelure: l'autre bout de cette espèce d'estrop
passer dans une petite poulie, ou une cosse, frappée sur l'Etai ou sur le faux Etai, au-dessous de son collet,
remonte faire dormant au bas du collet de l'Etai.
L'utilité de cette manœuvre dormante est de former une espèce de tissu sur une certaine largeur, en avant & au-
sous de la Hune, pour empêcher que le fond de la voile supérieure, soit Hunier ou Perroquet de Fougue, ne
sse se prendre sous la Hune pendant le calme, ou lorsque la voile est coiffée, & que la toile ne s'endommage
ce frottement.

Pages du Traité auxquelles les objets sont décrits.	DÉNOMINATIONS.	Pour un Vaisseau de 80 Canons.				Pour une Corvette de 18 à 20 Canons, ou un Navire de 300 à 500 Tonneaux.			
		Nombre.	longueur en brasses.	Grosseur en pouces.	Poids en livres.	Nombre.	longueur en brasses.	Grosseur en pouces.	Poids en livres.
	D'autre part.....................				2341				326
	Cordages de la Vergue.								
155	Bâtard de racage.....................	1	12	$2\frac{1}{2}$	16	1	7	$2\frac{1}{4}$	9
id.	Palans de drosse.....................	2	34	$2\frac{1}{4}$	54	2	17	$1\frac{1}{4}$	7
147	Drisse à Caliornes.....................	1	82	$4\frac{1}{4}$	383	1	36	3	72
160	Martinet double.....................	1	54	$3\frac{3}{4}$	119	1	30	$1\frac{1}{4}$	20
	Faux Martinet (*).....................	1	41	$3\frac{3}{4}$	119	1	22	$2\frac{1}{4}$	26
170	Ourses.....................	2	38	3	76	2	24	$1\frac{1}{4}$	16
250	Drisse de flamme.....................	2	50	1	10	1	40	1	8
	Cordages de la Voile.								
203	Ecoute.....................	1	50	$3\frac{1}{4}$	110	1	26	$1\frac{1}{4}$	17
232	Cargues.....................	12	70 140	2 $2\frac{1}{4}$	227	12	50 50	$1\frac{1}{4}$ 1	33
	Vergue sèche ou barrée.								
168	Bras doubles.....................	2	96	$2\frac{1}{2}$	125	2	54	$1\frac{1}{2}$	29
159	Balancines doubles.....................	2	96	$2\frac{1}{2}$	125	2	54	$1\frac{1}{2}$	29
135 & 138	Marche-pieds.....................	2	12	3	24	2	7	$2\frac{1}{2}$	9

PERROQUET DE FOUGUE.

Pages	DÉNOMINATIONS.	Nombre.	longueur	Grosseur	Poids	Nombre.	longueur	Grosseur	Poids
	Cordages du Mât.								
109	Etai & sa ride.....................	1	20	$4\frac{1}{4}$	93	1	8	$2\frac{1}{4}$	13
93 à 99	Haubans.....................	8	69	$3\frac{1}{2}$	176	6	30	$2\frac{1}{4}$	35
	Rides pour *id.*.....................	8	60	$1\frac{1}{4}$	40	6	36	1	9
127	Pendeurs.....................	2	9	$3\frac{1}{2}$	23	2	3	$2\frac{1}{4}$	4
102 & 103	Galhaubans.....................	4	80	4	268	4	44	$2\frac{1}{2}$	57
	Rides pour *id.*.....................	4	40	2	36	4	28	$1\frac{1}{2}$	15
	Cordages de la Vergue.								
145	Itague.....................	1	19	4	64	1	10	$2\frac{1}{4}$	12
					4429				746

(*) C'est une manœuvre de précaution, qui se met sur certains Vaisseaux, & qui, semblable à l'autre martinet, tient la Vergue à moitié distance entre son racage & le bout de vergue.

Pages du Traité auxquelles les objets sont décrits.	DÉNOMINATIONS.	Pour un Vaisseau de 80 Canons.				Pour une Corvette de 18 à 20 Canons, ou un Navire de 300 à 500 Tonneaux.			
		Nombre.	longueur en brasses.	Grosseur en pouces.	Poids en livres.	Nombre.	longueur en brasses.	Grosseur en pouces.	Poids en livres.
	Ci contre				4429				746
145	Drisse	1	63	$2\frac{1}{4}$	74	1	38	$1\frac{1}{4}$	15
168	Bras	2	90	$2\frac{1}{4}$	105	2	44	$1\frac{1}{4}$	18
160	Balancines	2	90	$2\frac{1}{4}$	105	2	44	$1\frac{1}{4}$	18
	Cordages de la Voile.								
200 & 204	Ecoutes	2	64	$4\frac{1}{4}$	239	2	34	$2\frac{1}{2}$	44
224	Cargue-points	2	84	$2\frac{1}{4}$	98	2	44	$1\frac{1}{2}$	22
229	Cargue-fonds	2	76	2	68	2	38	1	10
218	Boulines & pattes	2	76	2	68	2	38	1	10
219 & 220	Palanquins de ris	2	76	$1\frac{1}{4}$	51	....	....	....	....
	PERRUCHE.								
	Cordages du mât.								
104 & 109	Etai	1	23	$2\frac{1}{4}$	27	1	15	$1\frac{1}{2}$	8
93 à 99	Haubans	4	23	$2\frac{1}{4}$	27	4	14	$1\frac{1}{4}$	6
	Cordages de la Vergue.								
163 & 169	Bras	2	58	2	52	2	30	$1\frac{1}{4}$	12
160	Balancines	2	58	$1\frac{1}{4}$	39	2	30	$1\frac{1}{4}$	12
	Cordages de la Voile.								
224	Cargues	2	48	$1\frac{1}{2}$	26	2	24	1	6
	GRAND MAT.								
	Cordages du Mât.								
105 à 107	Etai	1	26	16	1328	1	15	$9\frac{1}{4}$	270
	Ride pour *id.*	1	45	$4\frac{3}{4}$	210	1	26	$2\frac{3}{4}$	41
106	Collier	1	20	15	914	1	10	8	125
	Faux Etai	1	24	$9\frac{1}{4}$	494	....	....	....	....
	Ride pour *id.*	1	19	4	64	....	....	....	....
ibid.	Faux Collier	1	20	$9\frac{5}{8}$	413	....	....	....	....
93 à 99	Haubans	20	320	$9\frac{1}{4}$	5934	12	132	6	947
96	Rides pour *id.*	20	220	$4\frac{1}{4}$	1027	12	108	3	216
125 & 126	Pendeurs	2	28	$9\frac{1}{4}$	519	2	16	6	115
					16311				2641

Pages du Traité auxquelles les objets sont décrits.	DÉNOMINATIONS.	Pour un Vaisseau de 80 Canons.				Pour une Corvette de 18 à 20 Canons, ou un Navire de 300 à 500 Tonneaux.			
		Nombre.	longueur en brasses.	Grosseur en pouces.	Poids en livres.	Nombre.	longueur en brasses.	Grosseur en pouces.	Poids en livres.
	D'autre part...............				16311				2641
125	Garans de Caliornes.............	2	150	$4\frac{3}{4}$	700	2	88	3	176
126	Palans doubles en bas..........	2	140	$3\frac{1}{2}$	356	2	70	$2\frac{1}{4}$	82
128	Suspentes des palans d'étai.........	2	32	$7\frac{3}{4}$	395	2	16	$4\frac{1}{4}$	75
id.	Guis pour *id*..............	2	96	$3\frac{1}{4}$	212	2	52	$1\frac{1}{4}$	35
id.	Palans d'étai..............	2	130	$3\frac{3}{4}$	377	2	72	$2\frac{1}{2}$	94
128	Bredindin................	1	60	3	120	1	31	$1\frac{1}{4}$	21
id.	Pendeur pour *id*..............	1	13	$4\frac{3}{4}$	61	1	8	$2\frac{1}{4}$	13
id.	Gui pour *id*..............	1	45	$2\frac{1}{2}$	59	1	27	$1\frac{1}{2}$	14
	Araignée..............	1	82	2	74	1	50	$1\frac{1}{4}$	20
96	Gambes..............	12	90	$3\frac{1}{4}$	199	8	36	2	32
115 à 119	Trelingage..................	1	68	3	136	1	37	$1\frac{1}{4}$	25
	Cordages de la Vergue.								
151	Racage à drosse..............	2	26	8	343	2	14	5	73
id.	Palans pour *id*..............	2	76	$2\frac{1}{4}$	89	2	42	$1\frac{1}{2}$	22
135	Marche-pieds..............	2	30	$3\frac{1}{2}$	76	2	15	3	30
143	Drisses à caliorne à trois rouets.......	2	170	$5\frac{1}{4}$	979	2	90	$2\frac{1}{2}$	142
163 & 164	Bras.................	2	120	$4\frac{1}{4}$	448	2	68	$2\frac{1}{4}$	80
157	Balancines à palans..............	2	160	$3\frac{3}{4}$	464	2	66	$2\frac{1}{4}$	77
	Cordages de la Voile.								
201	Ecoutes....................	2	110	$6\frac{1}{2}$	935	2	68	$3\frac{3}{4}$	197
209	Ecouets ou Amures..............	2	110	5	571	2	60	$2\frac{3}{4}$	95
215	Boulines..............	2	70	$4\frac{3}{4}$	327	2	40	$2\frac{1}{2}$	52
id.	Pattes..............	2	16	$4\frac{3}{4}$	75	2	8	$2\frac{1}{2}$	10
223	Cargue-points..............	2	110	$3\frac{3}{4}$	319	2	60	$2\frac{1}{4}$	70
225	Cargue-fonds..............	4	110	$2\frac{1}{4}$	129	2	46	$1\frac{1}{4}$	31
226 & 227	Itagues de cargue-fonds..............	4	120	$3\frac{1}{4}$	265	.....	.....	.....	.....
229	Cargue-boulines..............	4	110	$2\frac{1}{4}$	129	2	46	$1\frac{1}{4}$	31
	Itagues de cargue-boulines..........	4	120	$3\frac{1}{4}$	265	.....	.....	.....	.....
	GRAND MAT DE HUNE.								
	Cordages du Mât.								
107	Etai.................	1	36	$8\frac{1}{4}$	486	1	20	$4\frac{1}{4}$	93
id.	Ride à palan pour *id*..............	1	18	$3\frac{1}{2}$	46	1	10	2	9
110	Faux étai..............	1	35	$6\frac{1}{4}$	277	1	18	$3\frac{1}{2}$	46
id.	Ride pour *id*..................	1	19	$3\frac{1}{4}$	42	1	5	$1\frac{1}{4}$	3
					25265				4289

Pages du traité aux-quelles les ob-jets sont dé-crits.	DÉNOMINATIONS.	Pour un Vaisseau de 80 Canons.				Pour une Corvette de 18 à 20 Canons, ou un Navire de 300 à 500 Tonneaux.			
		Nombre.	longueur en brasses.	Grosseur en pouces.	Poids en livres.	Nombre.	longueur en brasses.	Grosseur en pouces.	Poids en livres.
	Ci contre				25265				4289
	Cordages du Mât.								
93 à 99	Haubans	12	162	5½	1022	8	62	3½	157
96	Rides pour *id*	12	84	2¼	132	8	32	1½	17
102	Galhaubans	6	170	6½	1473	4	68	4	228
	Rides pour *id*	6	54	3¼	119	4	32	1¾	21
127	Pendeurs	2	10	5½	65	2	3	3½	8
id.	Palans du mât	2	80	2¼	126	2	44	1½	23
121 à 123	Guinderesse	1	90	8¼	1389	1	46	4¼	215
	Cordages de la Vergue.								
144	Itagues doubles	2	58	5¼	334	2	34	3¼	75
145	Drisses	2	180	3½	458	2	100	2	90
	Fausse drisse	1	70	3½	178	1	29	2	26
153	Bâtard de racage	1	15	3	30	1	8	2½	10
135 & 136	Marche-pieds	2	12	3¼	26	2	12	3	24
164	Bras	2	120	3½	305	2	64	2	58
id.	Pendeurs de bras	2	2	3½	5	. . . .	. . . .	. . . .	. . . .
157	Balancines	2	120	3½	305	2	64	2	58
	Cordages de la Voile.								
201	Ecoutes	2	88	8¼	1225	2	46	4	154
215	Boulines	2	100	4¼	374	2	52	2	47
id.	Pattes d'*id*	2	20	4¼	75	2	12	2	12
223	Cargue-points	2	120	3½	305	2	64	1¾	43
228	Cargue-fonds	2	106	3	212	2	56	1½	30
230	Cargue-boulines	2	106	3	212	2	56	1½	30
219	Palanquins de ris	2	110	2½	143	2	60	1¼	24
id.	Itagues pour *id*	2	12	4	40	. . . .	. . . .	. . . .	. . . .
231	Dégorgeoirs ou saisines	2	68	2½	88	2	36	1½	19
	MAT DE GRAND PERROQUET.								
	Cordages du Mât.								
108	Etai	1	36	4¼	135	1	17	2¼	20
id.	Ride pour *id*	1	10	2	9	1	6	1½	3
98	Haubans	6	60	2¼	95	4	28	1¾	19
96	Rides pour *id*	6	36	1¼	24	4	20	1	5
					34169				5705

Pages du Traité auxquelles les objets sont décrits.	DÉNOMINATIONS.	Pour un Vaisseau de 80 Canons.				Pour une Corvette de 18 à 20 Canons, ou un Navire de 300 à 500 Tonneaux.			
		Nombre.	longueur en brasses.	Grosseur en pouces.	Poids en livres.	Nombre.	longueur en brasses.	Grosseur en pouces	Poids en livres.
	D'autre part				34169				5705
102	Galhaubans	4	144	3½	366	4	76	2¼	89
id.	Rides d'id	4	28	2	25	4	24	1¼	10
	Cordages de la Vergue.								
146	Itague	1	12	4	40	1	6	2	5
id.	Drisse	1	70	3¼	155	1	42	1¾	28
154	Bâtard de racage	1	4	2	3	1	3	2	2
	Marche-pieds	2	6	2¾	10	2	4	2½	5
165	Bras	2	120	2	108	2	68	1¼	27
159	Balancines	2	58	2	52	2	30	1¼	12
	Cordages de la Voile.								
202	Ecoutes	2	120	3½	305	2	68	1¼	45
216	Boulines avec leurs pattes	2	110	1¾	73	2	58	1	15
224	Cargue-points	2	112	2	101	2	58	1¼	23

MAT DE MISAINE.

Cordages du Mât.

Pages du Traité auxquelles les objets sont décrits.	DÉNOMINATIONS.	Nombre.	longueur en brasses.	Grosseur en pouces.	Poids en livres.	Nombre.	longueur en brasses.	Grosseur en pouces	Poids en livres.
108	Etai	1	19	15	868	1	12	1	200
id.	Ride pour *id*	1	40	4¾	187	1	21	2½	27
id.	Collier	1	8	14½	354	1	4	8	50
111	Faux étai	1	19	9½	342	....	....	....	....
id.	Ride pour *id*	1	18	3¾	52	....	....	....	....
93 à 99	Faux collier	1	8	9¼	144	....	....	....	....
96	Haubans	18	285	9¼	4836	10	85	5½	536
125 & 126	Rides d'*id*	18	198	4¾	924	10	90	2¾	142
125	Pendeurs	2	26	9¼	441	2	14	5¼	88
126	Garans de caliornes	2	140	4¼	588	2	80	2½	104
115 à 119	*Id.* de Candelettes	2	150	4¼	630	2	80	2½	104
96	Trélingage	1	58	2¾	91	1	31	1¼	21
	Gambes	12	72	3¼	159	8	32	2	29
	Araignée	1	70	2	63	1	50	1¼	20
					45086				7287

Pages du Traité auxquelles les objets sont décrits.	DÉNOMINATIONS.	Pour un Vaisseau de 80 Canons.				Pour une Corvette de 18 à 20 Canons, ou un Navire de 300 à 500 Tonneaux.			
		Nombre.	longueur en brasses.	Grosseur en pouces.	Poids en livres.	Nombre.	longueur en brasses.	Grosseur en pouces.	Poids en livres.
	Ci contre................				45086				7287
	Cordages de la Vergue.								
151	Racage à drosse................	1	12	8	150	....	....	....	....
id.	Garants pour *id*..............	2	72	$2\frac{1}{4}$	84	2	40	$1\frac{1}{4}$	16
135	Marche-pieds................	2	26	$3\frac{1}{2}$	66	2	14	3	28
144	Drisses à caliorne............	2	160	5	831	2	86	$2\frac{1}{2}$	112
166	Bras....................	2	120	$3\frac{3}{4}$	348	2	68	$2\frac{1}{4}$	80
id.	Pendeurs des bras..............	2	2	4	7	....	....	....	....
157	Balancines..................	2	150	$3\frac{1}{2}$	382	2	60	$1\frac{3}{4}$	40
	Cordages de la Voile.								
202	Ecoutes....................	2	100	6	730	2	64	$3\frac{1}{4}$	142
210	Amures à bressin..............	2	100	$4\frac{1}{4}$	467	2	54	$2\frac{1}{2}$	70
217	Boulines..................	2	70	$4\frac{1}{2}$	294	2	38	$2\frac{1}{4}$	45
id.	Pattes pour *id*..............	2	10	$4\frac{1}{2}$	42	2	5	$2\frac{1}{4}$	6
223	Cargue-points..............	2	106	$3\frac{1}{2}$	270	2	58	2	52
226	Cargue-fonds..............	4	100	$2\frac{1}{4}$	117	2	42	$1\frac{1}{4}$	28
227	Itagues de cargue-fonds..........	4	100	$3\frac{1}{4}$	221	....	....	....	....
230	Cargue-boulines..............	4	100	$2\frac{1}{4}$	117	2	42	$1\frac{1}{4}$	28
	Itagues de cargue-boulines........	4	100	$3\frac{1}{4}$	221	....	....	....	....

PETIT MAT DE HUNE.

Cordages du Mât.

Pages du Traité	DÉNOMINATIONS.	Nombre.	longueur en brasses.	Grosseur en pouces.	Poids en livres.	Nombre.	longueur en brasses.	Grosseur en pouces.	Poids en livres.
108	Etai....................	1	36	8	450	1	20	$4\frac{1}{4}$	75
id.	Ride pour *id*..............	1	19	$3\frac{1}{4}$	42	1	9	2	8
111	Faux Etai..................	1	35	$5\frac{1}{4}$	235	....	....	....	....
id.	Ride de faux étai à palan..........	1	19	3	38	....	....	....	....
93 à 99	Haubans....................	12	157	$5\frac{1}{4}$	904	8	52	$3\frac{1}{4}$	115
96	Rides d'*id*..................	12	72	3	144	8	32	$1\frac{1}{2}$	17
102 & 103	Galhaubans..............	6	160	$6\frac{1}{4}$	1264	4	60	$3\frac{3}{4}$	174
id.	Rides d'*id*	6	54	$3\frac{1}{4}$	119	4	32	$1\frac{3}{4}$	21
127	Pendeurs des palanquins du mât.....	2	10	$5\frac{1}{4}$	58	2	3	$3\frac{1}{2}$	7
id.	Palanquins..................	2	78	$2\frac{3}{4}$	123	2	42	$1\frac{3}{4}$	22
121 à 123	Guinderesse..................	1	84	$8\frac{1}{4}$	1134	1	40	$4\frac{1}{2}$	158
					53944				8531

Pages du Traité auxquelles les objets sont décrits.	DÉNOMINATIONS.	Pour un Vaisseau de 80 Canons.				Pour une Corvette de 18 à 20 Canons, ou un Navire de 300 à 500 Tonneaux.			
		Nombre.	longueur en brasses.	Grosseur en pouces	Poids en livres.	Nombre.	longueur en brasses.	Grosseur en pouces	Poids en livres.
	D'autre part................	′			53944				8531
	Cordages de la Vergue.								
145	Itagues doubles................	2	54	5	280	2	30	3¼	66
id.	Driffes................	2	72	3¼	38	2	94	1½	63
	Fauffes driffes................	1	65	3½	165	1	26	1¼	17
166	Bras................	2	120	3½	305	2	66	2	59
id.	Dormans des bras................	2	2	3½	5	....	....	....	....
158	Balancines................	2	110	3½	280	2	60	2	54
153	Bâtard de racage................	1	15	3	30	1	8	2½	10
137	Marche-pieds................	2	12	3	24	2	10	3	20
	Cordages de la Voile.								
203	Ecoutes................	2	80	8	1055	2	44	3¼	128
217	Boulines................	2	90	3½	261	2	43	2	39
id.	Pattes d'*id*................	2	20	3¼	58	2	11	2	10
224	Cargue-points................	2	110	3¼	243	2	60	1½	40
229	Cargue-fonds................	2	96	2¼	151	2	52	1½	28
230	Cargue-boulines................	2	96	2¼	151	2	52	1½	28
219	Palanquins de ris................	2	100	2½	130	2	56	1¼	22
id.	Itagues pour *id*................	2	12	4	40	....	....	....	....
231	Saifines ou dégorgeoirs................	2	58	2½	75	2	32	1½	17

MAT DE PETIT PERROQUET.

Pages	DÉNOMINATIONS.	Nombre.	longueur en brasses.	Grosseur en pouces	Poids en livres.	Nombre.	longueur en brasses.	Grosseur en pouces	Poids en livres.
	Cordages du Mât.								
108	Etai................	1	37	4	124	1	19	2¼	22
id.	Ride d'*id*................	1	9	2	8	1	6	1¼	2
93 à 99	Haubans................	6	54	2¼	85	4	28	1½	15
96	Rides d'*id*................	6	36	1¼	24	4	16	1	4
102 à 104	Galhaubans................	4	132	3½	336	4	80	2¼	94
id.	Rides d'*id*................	4	28	2	25	4	24	1½	13
	Cordages de la Vergue.								
146	Itague................	1	10	4	34	1	7	2	6
id.	Driffe................	1	67	3¼	148	1	38	1¼	25
					58029				9313

Pages du Traité auxquelles les objets sont décrits.	DENOMINATIONS.	Pour un Vaisseau de 80 Canons.				Pour une Corvette de 18 à 20 Canons, ou un Navire de 300 à 500 Tonneaux.			
		Nombre.	longueur en brasses.	Grosseur en pouces.	Poids en livres.	Nombre.	longueur en brasses.	Grosseur en pouces.	Poids en livres.
	Ci contre.................				58019				9313
154	Bâtard de racage.................	1	4	2	4	....	....	....	....
	Marche-pieds.................	1	6	$2\frac{1}{2}$	9	1	4	$2\frac{1}{2}$	5
167	Bras.	2	120	2	108	2	60	$1\frac{1}{4}$	24
159	Balancines	2	48	2	43	2	26	$1\frac{1}{4}$	10
	Cordages de la Voile.								
203	Écoutes.................	2	110	$3\frac{1}{4}$	243	2	60	$1\frac{1}{4}$	40
217	Boulines avec leurs pattes..........	2	100	$1\frac{1}{4}$	67	2	52	1	14
224	Cargue points.................	2	102	2	92	2	50	$1\frac{1}{4}$	20

MAT DE BEAUPRÉ.

Cordages du Mât.

Pages	DENOMINATIONS.	Nombre.	longueur en brasses.	Grosseur en pouces.	Poids en livres.	Nombre.	longueur en brasses.	Grosseur en pouces.	Poids en livres.
112	Liûres de Beaupré.................	2	160	$7\frac{1}{2}$	1840	1	76	4	258
113	Sous-barbe simple.................	1	24	$7\frac{1}{2}$	278	1	9	$4\frac{1}{4}$	34
id.	Ride pour *id.*.................	1	14	$3\frac{1}{4}$	31	1	8	$2\frac{1}{4}$	9
101	Haubans du minois.................	2	70	$2\frac{1}{2}$	91	2	30	2	27
115	Garde-corps du beaupré.............	2	18	3	36	2	12	$2\frac{1}{2}$	15

Cordages de la vergue de Civadiere.

Pages	DENOMINATIONS.	Nombre.	longueur en brasses.	Grosseur en pouces.	Poids en livres.	Nombre.	longueur en brasses.	Grosseur en pouces.	Poids en livres.
148	Palan de bout.................	1	43	$3\frac{1}{4}$	95	1	25	$1\frac{1}{4}$	17
170	Bras.	2	100	$2\frac{1}{2}$	130	2	60	$1\frac{1}{2}$	32
161	Balancines.	2	80	$2\frac{1}{2}$	104	2	44	$1\frac{1}{2}$	23
140 & 162	Moustaches, les deux côtés........	1	10	3	20	1	8	2	7
141	Marche-pieds.................	2	12	3	24	2	10	$2\frac{1}{2}$	12

Cordages de la voile de Civadiere.

Pages	DENOMINATIONS.	Nombre.	longueur en brasses.	Grosseur en pouces.	Poids en livres.	Nombre.	longueur en brasses.	Grosseur en pouces.	Poids en livres.
204	Ecoutes.	2	80	3	160	2	46	$1\frac{1}{4}$	31
224	Cargue-points.................	2	68	$2\frac{1}{2}$	88	2	36	$1\frac{1}{4}$	14
229	Cargue-fonds.................	2	48	$1\frac{1}{4}$	32	2	24	1	6
					61514				9911

Pages du Traité aux-quelles les objets sont décrits.	DÉNOMINATIONS.	Pour un Vaisseau de 80 Canons.				Pour une Corvette de 20 Canons, ou un Navire de 300 à 500 Tonneaux.			
		Nombre.	longueur en brasses.	Grosseur en pouces.	Poids en livres.	Nombre.	longueur en brasses.	Grosseur en pouces.	Poids en livres.
	D'autre part.............				61514				9911
	Contre-Civadière.								
	Cordages de la Vergue.								
141	Palan de bout................	1	36	2½	47	1	20	1¼	8
171	Bras................	2	76	1½	51	2	50	1¼	20
162	Balancines................	2	58	1¼	39	2	24	1	6
	Cordages de la Voile.								
225	Cargues................	2	60	1½	32	2	44	1	11
	Manœuvres des Focs.								
	Itague du grand foc............	1	34	5	177	1	18	2¾	28
196	Drisse d'*id*................	1	54	2½	70	1	29	1½	15
207	Ecoute d'*id*................	1	41	4¾	191	1	22	2½	29
212	Amures d'*id*................	1	24	3½	61	1	10	2	9
	Itague du faux foc............	1	29	4¾	186	1	15	2½	20
197	Drisse d'*id*................	1	48	2½	62	1	27	1¼	11
207	Ecoute d'*id*................	1	34	4¼	127	1	20	2¼	23
196	Drisse du petit foc............	1	39	3¼	86	1	24	1¼	16
212	Amures d'*id*................	1	18	3¼	40	1	5	1¼	3
207	Ecoute d'*id*................	1	36	3¾	104	1	20	2¼	23
237	Calebas................	3	66	1¼	44	3	38	1	10
	VOILES D'ÉTAI.								
195	Drisse de la voile d'étai d'artimon.....	1	36	2½	47	1	18	1½	10
194	——de la grande voile d'étai........	1	45	3¼	100	1	26	1¼	17
id.	——de la voile d'étai du grand hunier..	1	58	3¼	128	1	31	1¼	21
195	——de la fausse ou contre voile *id*.....	1	58	3¼	128	1	31	1¼	21
id.	——de celle de grand perroquet......	1	48	1½	32	1	26	1¼	10
196	——de celle de perroquet de fougue...	1	38	1¼	25	1	21	1¼	8
205	Ecoutes de la voile d'étai d'artimon....	1	10	2½	13	1	5	1½	3
id.	——de la grande voile d'étai........	1	14	3½	36	1	8	2	7
206	——de la voile d'étai de grand hunier..	1	38	3½	84	1	21	1¼	14
id.	——de la contre-voile, *id*...........	1	38	3½	84	1	21	1¼	14
id.	——de la voile d'étai de grand perroquet.	1	20	1½	13	1	13	1¼	5
205	——de celle du perroquet de fougue...	1	20	1¼	13	1	10	1¼	4
211	Amure de la voile d'étai d'artimon.....	1	10	2½	13	1	5	1½	3
					63547				10279

Pages du Traité auxquelles les objets sont décrits.	DÉNOMINATIONS.	Pour un Vaisseau de 80 Canons.				Pour une Corvette de 18 à 20 Canons, ou un Navire de 300 à 500 Tonneaux.			
		Nombre.	longueur en brasses.	Grosseur en pouces.	Poids en livres.	Nombre.	longueur en brasses.	Grosseur en pouces.	Poids en livres.
	Ci contre......................				63547				10279
211	Amure de la grande voile d'étai.......	1	10	$3\frac{1}{4}$	22	1	5	$1\frac{1}{4}$	3
id.	——de la voile d'étai de grand hunier..	1	14	3	28	1	8	$1\frac{1}{4}$	5
id.	—-de la contre-voile, ic...........	1	14	3	28	1	8	$1\frac{1}{4}$	5
id.	——-de la voile d'étai de grand perroquet.	1	14	$2\frac{1}{2}$	18	1	8	$1\frac{1}{4}$	4
212	——de celle du perroquet de fougue...	1	10	$2\frac{1}{2}$	13	1	5	$1\frac{1}{2}$	3
	BONNETTES BASSES.								
197	Drisses des bonnettes de grande vergue..	6	270	$3\frac{1}{4}$	597	4	96	$1\frac{1}{4}$	64
id.	——————————de misaine.......	6	228	$3\frac{1}{4}$	504	4	84	$1\frac{1}{4}$	56
207	Ecoutes ——————de grande vergue..	2	48	$3\frac{1}{4}$	106	2	26	$1\frac{1}{4}$	17
id.	——————————de misaine.......	2	38	$3\frac{1}{4}$	84	2	20	$1\frac{1}{4}$	13
	Boulines——————de grande vergue..	2	48	$1\frac{1}{4}$	32	2	26	1	7
	——————————de misaine.......	2	34	$1\frac{1}{4}$	23	2	20	1	5
	Balancines d'arboutans.............	4	90	$3\frac{1}{4}$	199	4	56	$1\frac{1}{4}$	37
212 & 213	Amures des bonnettes de grande vergue.	2	110	$3\frac{1}{4}$	243	2	62	$1\frac{1}{4}$	41
id.	——de celles de misaine.............	2	100	$3\frac{1}{4}$	221	2	58	$1\frac{1}{4}$	39
	BONNETTES HAUTES.								
198	Drisses des bonnettes de grand hunier ..	4	242	$3\frac{1}{4}$	535	2	66	$1\frac{1}{4}$	44
id.	id. de celles de petit hunier.	4	220	$3\frac{1}{4}$	486	2	60	$1\frac{1}{4}$	40
207	Ecoutes de celles du grand hunier.....	2	32	$3\frac{1}{4}$	71	2	16	$1\frac{1}{4}$	11
208	id —de celles du petit hunier........	2	28	3	56	2	14	$1\frac{1}{4}$	9
213	Amures, id. du grand id........	2	68	$3\frac{1}{4}$	150	2	36	$1\frac{1}{4}$	24
id.	id. id. du petit id..........	2	62	3	124	2	34	$1\frac{1}{4}$	23
	Boulines id. du grand id..........	2	75	$1\frac{1}{4}$	50	2	42	1	11
	id. id. du petit id..........	2	75	$1\frac{1}{4}$	50	2	42	1	11
	Bonnettes de Perroquet.								
199	Drisses.................	4	180	$1\frac{1}{4}$	120	4	100	$1\frac{1}{4}$	40
208	Ecoutes.................	4	120	$1\frac{1}{2}$	64	4	80	1	21
214	Amures.................	4				4			
	Bonnettes du Perroquet de fougue.								
	Drisses.............	2	70	2	63	2	39	$1\frac{1}{4}$	16
	Ecoutes.............	2	10	2	9	2	6	$1\frac{1}{4}$	2
	Amures.............	2	80	$2\frac{1}{2}$	104	......	......	......	......
					67547				10830

Pages du Traité auxquelles les objets sont décrits.	DÉNOMINATIONS.	Pour un Vaisseau de 80 Canons.				Pour une Corvette de 18 à 20 Canons, ou un Navire de 300 à 500 Tonneaux.			
		Nombre.	longueur en brasses.	Grosseur en pouces.	Poids en livres.	Nombre.	longueur en brasses.	Grosseur en pouces	Poids en livres.
	D'autre part..................				67547				10830
	AUTRES MANŒUVRES.								
241	Sauve-garde..................	1	22	7½	255	1	12	3½	35
	Petites *id.* à chaînes............	2	26	5¼	164	2	8	2¾	13
	Palans à fouet..................	20	440	3½	1120	12	156	1½	104
	——à crocs..................	20	400	3¼	884	12	144	1¼	96
	——de chaloupes............	2	90	3½	229	2	50	1½	33
	——de bout de vergues........	4	180	3½	458	2	52	1½	35
	——d'amure..................	2	76	3	152	2	42	1¼	28
130	Suspente ou maroquin	1	48	10	925	....	....	....	....
id.	Garant pour *id.*..............	1	82	5¼	472	....	....	....	....
343	Gahauans volans..............	6	180	6½	1560	4	60	3¼	174
	Traversin ou chatte............	1	25	7	255	1	13	4¼	49
	Palan de roulis................	4	212	3½	469	4	110	1½	73
	Itagues pour *id.*..............	4	66	4¼	308	4	26	2¼	41
	Palans de dimanche............	6	108	2	97	....	....	....	....
	Aiguillettes de bosses..........	12	100	2¼	117	10	50	1¼	20
	——de tourne-vire............	2	24	4¼	90	2	10	2½	13
	——de grelins................	4	44	4	147	4	16	2½	21
	Cordages pour l'étalingûre des cables..		150	2	135		80	1¼	32
	Garniture de bouées............		50	3	100		25	2	23
	Pour *id.* quaranteniers de 9 fils........		300	1¼	120		150	1	40
	Grands faux-bras..............	2	112	3¾	325	2	58	2	52
	Faux-bras de misaine..........	2	112	3¾	325	2	58	2	52
	—————— du grand hunier	2	110	3½	280	2	62	2	56
	—————du petit hunier..........	2	110	3½	280	2	62	2	56
	Grandes fausses cargues......	2	90	3¼	199	2	54	1¼	36
	Fausses cargues de misaine..........	2	86	3¼	190	2	48	1¼	32
	Pataras, ou faux haubans doubles.....	4	128	9¼	2373	4	76	6	545
144	Suspentes de grande vergue........	1	28	8¼	390	1	16	4½	67
id.	——de misaine..............	1	26	8¼	362	1	14	4¼	52
	——d'artimon	1	18	5¼	114	1	6	3¾	13
272	Braguet du grand mât de hune.......	1	32	6¼	277	1	19	4	64
id.	——du petit mât de hune..........	1	30	6¼	260	1	17	3½	43
	Étai de tangage................	1	18	9½	319	1	7	6	50
	Ride pour *id.*................	1	18	4	60	1	6	1¼	4
	Caliornes de braguet..........	2	90	3¼	199	2	50	1¼	33
	Fausses écoutes..............	2	110	6½	935	2	60	3½	174
	Fausses amures..............	2	66	8¼	1015	2	36	4¼	168
	Fausses balancines..............	4	160	3¾	354	4	82	1¼	55
	Palans pour *id.*..................	4	76	2¼	89	4	40	1¼	16
					83950				13228

Pages du Traité auxquelles les objets sont décrits.	DÉNOMINATIONS.	Pour un Vaisseau de 80 Canons.				Pour une Corvette de 18 à 20 Canons, ou un Navire de 300 à 500 Tonneaux.			
		Nombre.	longueur en brasses.	Grosseur en pouces.	Poids en livres.	Nombre.	longueur en brasses.	Grosseur en pouces.	Poids en livres.
	Ci contre................				83950				13228
	CORDAGES DES ANCRES.								
295 à 298	Cables du premier brin............	5	600	23	59220	3	360	12½	10740
	id. — du second brin...........	1	120	23	11844	1	120	12½	3580
	id. — id..........	1	120	22	10665	1	120	11½	2882
	Grelins..........	2	240	11	5366	2	240	6	1790
	id.........	2	240	10½	4968	1	120	5½	745
302	Bosses debout.............	2	38	9	617	2	18	5¼	104
300	Orins de grandes ancres.........	3	100	9¼	1798	3	100	5½	602
id.	—d'ancres à touer......	2	50	6½	425	2	50	3½	145
301	Garants de capon............	2	116	5¼	668	2	52	2¼	82
305	Serre-bosses..........	10	100	7¼	1096	5	40	4⅓	187
327	Tourne-vire............	1	72	11	1813	1	36	6	263
	RECHANGE.								
	Grandes drisses à l'Angloise........	2	170	5¼	979	2	90	2¼	142
	Drisses de misaine............	2	160	5	831	2	86	2¼	112
	Grandes écoutes............	2	110	6½	935	2	68	3¾	197
	Ecoutes de misaine............	2	100	6	730	2	64	3¼	142
	Grands écouets ou amures à bressin....	2	110	5	571	2	60	2¼	95
	Amures de misaine............	2	100	4¼	467	2	54	2½	70
	Guinderesses du grand mât de hune....	1	90	8¼	1389	1	46	4¼	215
	—du petit id............	1	84	8¼	1154	1	40	4¼	153
	Ecoutes du grand mât de hune......	2	88	8¾	1225	2	46	4	154
	—du petit id............	2	80	8	1055	2	44	3¾	128
	Itagues de hune........	4	112	5¼	645	4	46	3½	142
	Tourne-vire............	1	72	11	1813	1	36	6	263
	Pièces de cordage............	1	120	6½	1040	....	....	....	....
	id............	1	120	6	861	....	....	....	....
	id............	1	120	5½	757	....	....	....	....
	id............	2	240	5	1246	....	....	....	....
	id............	3	330	4½	1386	....	....	....	....
	id............	3	300	4	1005	1	100	4	335
	id............	4	360	3½	916	2	180	3½	458
	id............	4	320	3	640	2	160	3	320
	id............	6	420	2½	546	2	140	2½	182
	id............	6	420	2	378	2	140	2	126
	Pièces de quaranteniers de 15 fils....	7	420	1¾	280	2	120	1¾	80
	id............	7	420	1½	224	3	180	1½	96
	id. — id............	8	400	1¼	160	3	150	1¼	60
					203645				37823

Pages du Traité auxquelles les objets sont décrits.	DÉNOMINATIONS.	Pour un Vaisseau de 80 Canons.				Pour une Corvette de 18 à 20 Canons, ou un Navire de 300 à 500 Tonneaux.			
		Nombre.	longueur en brasses.	Grosseur en pouces.	Poids en livres.	Nombre.	longueur en brasses.	Grosseur en pouces	Poids en livres.
	D'autre part..................				203643				37823
	Pièces de quaranteniers de 6 fils....	10	500	1	130	4	200	1	52
	Lignes d'amarrages de 6 fils..........	40	1600		200	15	600		75
	Merlin & luzin...................	50			50	18			18
	Bittord......................	550			550	70			170
	Vieux cables pour garcettes........				15000				4000
	Cordages pour garnitures de vergues, estrops de poulies, batards de racages, estrops de suspentes des pataras, pendeurs des bras, marche-pieds, étriers, haubans des minois, mouaches, itagues des palanquins de ris, &c.........................				3595				1095½
	Cordages pour aiguillettes des poulies, amarrages des étais, & faux étais & de leurs colliers, des haubans & galhaubans & leurs enflechures, cargues & étais de tentes, drosses & fausses drosses, garnitures de poulies, branches de martinet: pour les pompes & garniture, pour la ceinture; lignes, merlin, & bittord pour les cadres, pour les pavois & lignes de sonde, cablots, remorques; ceintures & estrops des chaloupes & canots, leurs gréements, pour les amarrages des poulies, taquets, quenouillettes, &c. pour fourrures, bittord pour filets de bastingage & casse-têtes, pour estrops, fourrure & amarrage des bouées, emboudinure des ancres, &c , &c.....................				6129				2401½
	Poids total du gréement & rechange en cordages.....				229297				45635

IIᵉ. ÉTAT

Des proportions & poids des Cordages qui composent le Gréement d'un Vaisseau de chaque rang, & des Cables, Grelins & Rechange, qui entrent dans son armement.

Pages du Traité auxquelles les objets sont décrits.	DÉNOMINATIONS.	Pour un Vaisseau de 100 à 118 Canons.				Pour une Frégate portant du 18.			
		Nombre.	longueur en brasses.	Grosseur en pouces.	Poids en livres.	Nombre.	longueur en brasses.	Grosseur en pouces.	Poids en livres.
249	Drisses de Pavillon.............	2	60	3½	24	1	40	1¼	12
	MAT D'ARTIMON.								
	Cordages du Mât.								
104 & 108	Etai.................	1	20	9¼	411	1	13	6¼	119
	Ride à cap-de-mouton pour *id*........	1	15	3¼	44	1	11	2¾	17
109	Itague à moque pour *id*...........	1	5	5	26	1	3½	4	12
	Garant pour *id*. ou ride...........	1	15	3¼	33	1	11	2	10
93 à 99	Haubans.................	14	186	7	1896	10	105	5¼	605
	Rides pour *id*...............	14	150	3¼	382	10	80	2½	104
	Pendeurs des palans du Mât........	2	10	7	102	2	6	5¼	35
	Palans doubles.............	2	120	3¼	265	2	70	2¼	82
	Araignée	1	50	1¼	20	1	50	1¼	20
96	Gambes.................	10	55	2¼	87	8	40	1¼	47
	Cordages de la Vergue.								
155	Bâtard de racage.............	1	12	2½	19	1	8	2½	10
id.	Palans de drosse.............	2	36	2¼	57	2	24	2	22
147	Drisse à Caliornes.............	1	84	5	436	1	50	3¼	145
160	Martinet double.............	1	55	3¼	122	1	40	2½	52
	Faux Martinet.............	1	45	3¼	131	1	29	3¼	64
170	Ourses.............	2	40	3½	102	2	30	2½	39
250	Drisse de flamme.............	1	50	1	10	1	50	1	10
	Cordages de la Voile.								
203	Ecoute.................	1	53½	3½	136	1	35	2½	46
					4303				1451

Pages du Traité auxquelles les objets sont décrits.	DÉNOMINATIONS.	Pour un Vaisseau de 100 à 118 Canons.				Pour une Frégate portant du 18.			
		Nombre.	longueur en brasses.	Grosseur en pouces	Poids en livres.	Nombre.	longueur en brasses.	Grosseur en pouces.	Poids en livres.
	D'autre part......				4303				1451
232	Cargues......	12 {	140 / 70	$2\frac{1}{2}$ / 2	245	12 {	140 / 60	2 / $1\frac{1}{4}$	166
	Vergue sèche ou barrée.								
168	Bras doubles......	2	100	$2\frac{1}{4}$	158	2	70	2	63
159	Balancines doubles......	2	100	$2\frac{1}{4}$	158	2	70	2	63
135 & 138	Marche pieds......	2	12	3	24	2	8	$2\frac{1}{2}$	10
	PERROQUET DE FOUGUE.								
	Cordages du Mât.								
109	Etai & sa ride......	1	21	5	109	1	13	$3\frac{1}{2}$	33
93 à 99	Haubans......	8	74	$3\frac{3}{4}$	215	8	53	$2\frac{1}{2}$	83
	Rides pour *id*......	8	70	$1\frac{1}{4}$	47	8	56	$1\frac{1}{2}$	30
127	Pendeurs......	2	10	$3\frac{1}{4}$	29	2	5	$2\frac{1}{2}$	6
102 & 103	Galhaubans......	4	86	$4\frac{1}{2}$	361	4	60	3	120
	Rides pour *id*......	4	40	2	36	4	56	$1\frac{1}{4}$	24
	Cordages de la Vergue.								
145	Itague......	1	20	$4\frac{1}{2}$	75	1	13	3	26
145	Drisse......	1	70	$2\frac{1}{2}$	91	1	48	$1\frac{1}{2}$	32
168	Bras......	2	96	$2\frac{1}{2}$	125	2	60	$1\frac{1}{2}$	40
160	Balancines......	2	96	$2\frac{1}{2}$	125	2	60	$1\frac{1}{4}$	40
	Cordages de la Voile.								
200 & 204	Ecoutes......	2	70	$4\frac{1}{4}$	327	2	44	$3\frac{1}{4}$	97
224	Cargue-points......	2	96	$2\frac{1}{2}$	125	2	60	$1\frac{1}{4}$	40
229	Cargue-fonds......	2	80	2	72	2	50	$1\frac{1}{2}$	27
218	Boulines & pattes......	2	80	2	72	2	50	$1\frac{1}{2}$	27
219 & 220	Palanquins de ris......	2	80	$1\frac{3}{4}$	53	2	50	1	13
	PERRUCHE.								
	Cordages du mât.								
104 & 109	Etai......	1	23	$2\frac{1}{2}$	27	1	18	$1\frac{1}{2}$	12
93 à 99	Haubans......	4	24	$2\frac{1}{4}$	28	4	18	$1\frac{1}{2}$	10
					6805				2413

Pages du Traité auxquelles les objets font décrits.	DÉNOMINATIONS.	Pour un Vaisseau de 100 à 118 Canons.				Pour une Frégate portant du 18.			
		Nombre.	longueur en braffes.	Groffeur en pouces.	Poids en livres.	Nombre.	longueur en braffes.	Groffeur en pouces.	Poids en livres.
	Ci contre......................				6805				2413
	Cordages de la Vergue.								
163 & 169	Bras.....................	2	60	2	54	2	44	1¼	23
160	Balancines.................	2	60	1¼	40	2	44	1¼	23
	Cordages de la Voile.								
224	Cargues...................	2	50	1½	27	2	38	1¼	15
	GRAND MAT.								
	Cordages du Mât.								
105 à 107	Etai.....................	1	26	17	1691	1	22	12½	691
	Ride pour *id*...............	1	50	5½	288	1	32	3¾	93
106	Collier...................	1	20	16	1021	1	11	12	321
	Faux Etai.................	1	26	10¼	597	1	20	8	250
	Ride pour *id*...............	1	20	4¼	75	1	12	2¼	19
ibid.	Faux Collier..............	1	20	10¼	459	1	11	8	138
93 à 99	Haubans..................	22	352	10¼	7137	16	210	8¼	2923
96	Rides pour *id*..............	22	242	5	1256	16	160	4	536
125 & 126	Pendeurs.................	2	28	10¼	568	2	22	8¼	306
125	Garans de Caliornes........	2	160	5½	1009	2	120	4	402
126	Palans doubles en bas.......	2	160	3¾	464	2	110	2¼	173
128	Surpentes des palans d'étai....	2	30	8	396	2	21	6	151
id.	Guis pour *id*...............	2	100	3¾	290	2	70	2½	91
id.	Palans d'étai..............	2	130	4¼	486	2	100	3¾	221
128	Bredindin.................	1	65	3½	165	1	44	2¼	52
id.	Pendeur pour *id*...........	1	16	5½	101	1	9	3¾	26
id.	Gui pour *id*...............	1	55	3	110	1	36	1¼	24
	Araignée.................	1	82	2	74	1	66	1½	35
96	Gambes..................	12	90	3½	229	8	65	2¼	102
115 à 119	Trelingage................	1	70	3	140	1	51	2¼	60
	Cordages de la Vergue.								
151	Racage à droffe............	2	28	8¼	390	2	22	6	158
id.	Palans pour *id*.............	2	80	2½	104	2	60	1¼	40
135	Marche-pieds.............	2	30	3½	76	2	18	3	36
143	Driffes à caliorne à trois rouets.......	2	160	5¼	1202	2	126	4	422
163 & 164	Bras.....................	2	130	4½	546	2	94	3½	239
					25800				9983

Pages du Traité auxquelles les objets sont décrits.	DÉNOMINATIONS.	Pour un Vaisseau de 100 à 118 Canons.				Pour une Frégate portant du 18.			
		Nombre.	longueur en brasses.	Grosseur en pouces	Poids en livres.	Nombre.	longueur en brasses.	Grosseur en pouces	Poids en livres.
	D'autre part.....................				25800				9983
157	Balancines à palans.................	2	170	$4\frac{1}{4}$	635	2	122	$3\frac{1}{4}$	270
	Cordages de la Voile.								
201	Ecoutes.....................	2	120	7	1168	2	90	5	437
209	Ecouets ou Amures.............	2	120	$5\frac{1}{4}$	691	2	84	$3\frac{3}{4}$	244
215	Boulines.....................	2	80	5	415	2	51	$3\frac{3}{4}$	148
id.	Pattes.....................	2	20	5	104	2	11	$3\frac{1}{4}$	32
223	Cargue-points.....................	2	120	$4\frac{1}{4}$	448	2	82	$3\frac{1}{4}$	181
225	Cargue-fonds.....................	4	120	$2\frac{1}{2}$	156	2	80	$1\frac{1}{4}$	53
226 & 227	Itagues de cargue fonds............	4	120	$3\frac{1}{4}$	265	2	62	$2\frac{1}{2}$	81
229	Cargue-boulines	4	120	$2\frac{1}{2}$	156	2	80	$1\frac{1}{4}$	53
	Itagues de cargue-boulines............	4	120	$3\frac{1}{4}$	265	2	62	$2\frac{1}{2}$	81
	GRAND MAT DE HUNE.								
	Cordages du Mât.								
107	Etai.....................	1	36	$8\frac{1}{2}$	513	1	27	$6\frac{1}{2}$	230
id.	Ride à palan pour *id*.............	1	24	4	80	1	15	$2\frac{1}{4}$	24
110	Faux étai.....................	1	34	$6\frac{1}{2}$	289	1	26	5	135
id.	Ride pour *id*.....................	1	12	$3\frac{1}{2}$	31	1	8	$2\frac{1}{2}$	10
93 à 99	Haubans.....................	12	164	$5\frac{1}{4}$	1095	10	100	$4\frac{1}{2}$	420
96	Rides pour *id*.....................	12	84	3	168	10	60	2	54
102	Galhaubans.....................	6	177	$6\frac{1}{4}$	1673	6	130	$5\frac{1}{2}$	820
	Rides pour *id*.....................	6	54	$3\frac{1}{2}$	137	6	48	$2\frac{1}{2}$	62
127	Pendeurs.....................	2	$11\frac{1}{2}$	$5\frac{1}{4}$	77	2	6	$4\frac{1}{2}$	25
id.	Palans du mât.....................	2	84	3	168	2	62	$1\frac{1}{4}$	41
121 à 123	Guinderesse.....................	1	95	$10\frac{1}{4}$	2181	1	68	$6\frac{1}{2}$	578
	Cordages de la Vergue.								
144	Itagues doubles.....................	2	60	$5\frac{1}{2}$	379	2	46	$4\frac{1}{2}$	193
145	Drisses.....................	2	186	$3\frac{1}{2}$	473	2	138	$2\frac{1}{4}$	217
	Fausse drisse.....................	1	70	$3\frac{1}{2}$	178	1	42	$2\frac{1}{4}$	66
153	Bâtard de racage.....................	1	15	3	30	1	10	$2\frac{1}{2}$	14
135 & 136	Marche-pieds.....................	2	12	$3\frac{1}{4}$	26	2	12	3	24
164	Bras.....................	2	130	$3\frac{1}{4}$	377	2	94	$2\frac{1}{4}$	148
id.	Pendeurs de bras.....................	2	2	$3\frac{1}{2}$	5	2	2	$2\frac{1}{2}$	3
157	Balancines.....................	2	128	$3\frac{1}{4}$	371	2	94	$2\frac{1}{4}$	148
					38354				14775

Pages du Traité auxquelles les objets sont décrits.	DÉNOMINATIONS.	Pour un Vaisseau de 100 à 118 Canons.				Pour une Frégate portant du 18.			
		Nombre.	longueur en brasses.	Grosseur en pouces.	Poids en livres.	Nombre.	longueur en brasses.	Grosseur en pouces.	Poids en livres.
	Ci contre....................				38354				14775
	Cordages de la Voile.								
201	Ecoutes.....................	2	100	$8\frac{1}{2}$	1465	2	66	$6\frac{1}{2}$	572
215	Boulines....................	2	100	$4\frac{1}{2}$	420	2	72	3	144
id.	Pattes d'*id*...............	2	20	$4\frac{1}{2}$	84	2	16	3	32
223	Cargue-points	2	128	$3\frac{3}{4}$	371	2	94	$2\frac{1}{2}$	122
228	Cargue-fonds	2	110	3	220	2	80	$2\frac{1}{4}$	94
230	Cargue-boulines	2	110	3	220	2	80	$2\frac{1}{4}$	94
219	Palanquins de ris.................	2	120	$2\frac{1}{2}$	156	2	86	$1\frac{3}{4}$	57
id.	Itagues pour *id*...............	2	12	4	40	2	10	3	20
231	Dégorgeoirs ou saisines.............	2	70	$2\frac{3}{4}$	110	2	52	$2\frac{1}{4}$	61
	MAT DE GRAND PERROQUET.								
	Cordages du Mât.								
108	Etai	1	36	$4\frac{1}{2}$	151	1	$27\frac{1}{2}$	$3\frac{1}{4}$	61
id.	Ride pour *id*....................	1	10	2	9	1	8	$1\frac{1}{4}$	5
98	Haubans....................	6	60	3	120	6	60	$2\frac{1}{2}$	70
96	Rides pour *id*.................	6	36	$1\frac{1}{2}$	24	6	30	$1\frac{1}{2}$	16
102	Galhaubans.................	4	144	$3\frac{1}{2}$	366	4	110	3	220
id.	Rides d'*id*....................	4	28	2	25	4	28	$1\frac{1}{4}$	19
	Cordages de la Vergue.								
146	Itague	1	12	$4\frac{1}{4}$	45	1	9	3	18
id.	Drisse......................	1	76	$3\frac{1}{2}$	193	1	57	$2\frac{1}{2}$	74
154	Bâtard de racage....................	1	4	2	3	1	3	2	2
	Marche-pieds....................	2	6	$2\frac{1}{4}$	10	2	5	$2\frac{1}{2}$	6
165	Bras	2	110	2	99	2	90	$1\frac{1}{4}$	60
159	Balancines	2	60	2	54	2	44	$1\frac{1}{4}$	29
	Cordages de la Voile.								
202	Ecoutes.....................	2	128	$3\frac{1}{4}$	371	2	90	$2\frac{1}{2}$	117
216	Boulines avec leurs pattes...........	2	110	$1\frac{3}{4}$	73	2	80	$1\frac{1}{2}$	43
224	Cargue-points	2	114	2	103	2	82	$1\frac{1}{4}$	55
	MAT DE MISAINE.								
	Cordages du Mât.								
108	Etai	1	21	16	1063	1	16	12	467
					44149				17233

Pages du Traité auxquelles les objets sont décrits.	DÉNOMINATIONS.	Pour un Vaisseau de 110 à 118 Canons.				Pour une Frégate portant du 18.			
		Nombre.	longueur en brasses.	Grosseur en pouces.	Poids en livres.	Nombre.	longueur en brasses.	Grosseur en pouces.	Poids en livres.
	D'autre part................				44149				17233
id.	Ride pour l'étai de misaine........	1	45	5	234	1	32	4	107
id.	Collier..............	1	8	15	366	1	6	11	151
111	Faux étai...........	1	21	$9\frac{1}{4}$	432	1	16	8	200
id.	Ride pour *id*...........	1	20	4	67	1	12	3	24
93 à 99	Faux collier...........	1	8	$9\frac{3}{4}$	165	1	6	8	75
96	Haubans...........	20	290	$9\frac{3}{4}$	5377	14	168	$7\frac{1}{4}$	2072
125 & 126	Rides d'*id*................	20	220	5	1142	14	140	4	469
125	Pendeurs............	2	26	$9\frac{1}{4}$	482	2	20	$7\frac{5}{4}$	247
126	Garans de caliornes............	2	150	5	779	2	116	$3\frac{1}{2}$	295
115 à 119	*Id*. de Candelettes............	2	160	5	831	2	118	$3\frac{1}{4}$	261
96	Trélingage............	1	60	3	120	1	44	$2\frac{1}{4}$	52
	Gambes............	12	84	$3\frac{1}{2}$	214	10	55	$2\frac{3}{4}$	87
	Araignée............	1	70	2	63	1	44	$2\frac{1}{4}$	52

Cordages de la Vergue.

Pages du Traité auxquelles les objets sont décrits.	DÉNOMINATIONS.	Nombre.	longueur en brasses.	Grosseur en pouces.	Poids en livres.	Nombre.	longueur en brasses.	Grosseur en pouces.	Poids en livres.
151	Racage à drosse............	1	12	8	150	....	....	....	....
id.	Garants pour *id*............	2	76	$2\frac{1}{2}$	99	2	58	$1\frac{1}{4}$	39
135	Marche-pieds............	2	26	$3\frac{1}{2}$	66	2	18	3	36
144	Drisses à caliorne............	2	170	$5\frac{1}{2}$	1072	2	118	$3\frac{1}{2}$	342
166	Bras............	2	120	$4\frac{1}{4}$	448	2	94	$3\frac{1}{4}$	208
id.	Pendeurs des bras............	2	2	$4\frac{1}{2}$	8	....	....	....	....
157	Balancines............	2	160	4	536	2	116	3	232

Cordages de la Voile.

Pages du Traité auxquelles les objets sont décrits.	DÉNOMINATIONS.	Nombre.	longueur en brasses.	Grosseur en pouces.	Poids en livres.	Nombre.	longueur en brasses.	Grosseur en pouces.	Poids en livres.
202	Ecoutes............	2	115	$6\frac{1}{2}$	978	2	86	$4\frac{1}{4}$	359
210	Amures à bressin............	2	100	5	519	2	72	$3\frac{1}{2}$	183
217	Boulines............	2	80	$4\frac{1}{2}$	336	2	50	$3\frac{1}{2}$	111
id.	Pattes pour *id*............	2	10	$4\frac{1}{2}$	42	2	7	$3\frac{1}{4}$	16
223	Cargue-points............	2	110	4	368	2	78	3	156
226	Cargue-fonds............	4	100	$2\frac{1}{2}$	130	4	72	$1\frac{1}{4}$	48
227	Itagues de cargue-fonds............	4	100	$3\frac{1}{4}$	221	4	56	$2\frac{1}{4}$	66
230	Cargue-boulines............	4	100	$2\frac{1}{2}$	130	4	72	$1\frac{3}{4}$	48
	Itagues de cargue-boulines............	4	100	$3\frac{1}{4}$	221	4	56	$2\frac{1}{4}$	66

PETIT MAT DE HUNE.

Cordages du Mât.

Pages du Traité auxquelles les objets sont décrits.	DÉNOMINATIONS.	Nombre.	longueur en brasses.	Grosseur en pouces.	Poids en livres.	Nombre.	longueur en brasses.	Grosseur en pouces.	Poids en livres.
108	Etai............	1	40	8	500	1	28	$6\frac{1}{4}$	221
					60245				23456

Pages du Traité auxquelles les objets sont décrits.	DÉNOMINATIONS.	Pour un Vaisseau de 100 à 118 Canons.				Pour une Frégate portant du 18.			
		Nombre.	longueur en brasses.	Grosseur en pouces.	Poids en livres.	Nombre.	longueur en brasses.	Grosseur en pouces.	Poids en livres.
	Ci contre....................				60245				23456
id.	Ride pour l'étai du petit mât de hune..	1	20	$3\frac{1}{4}$	58	1	14	$2\frac{1}{4}$	22
111	Faux Etai........................	1	38	$6\frac{1}{4}$	301	1	27	5	131
id.	Ride de faux étai à palan..........	1	20	$3\frac{1}{4}$	44	1	14	$2\frac{1}{4}$	16
93 à 99	Haubans........................	12	160	$5\frac{1}{2}$	1009	10	98	4	328
96	Rides d'*id*......................	12	72	3	144	10	40	2	36
102 & 103	Galhaubans.....................	6	165	$6\frac{1}{2}$	1430	6	129	$5\frac{1}{4}$	743
id.	Rides d'*id*	6	54	$3\frac{1}{2}$	137	6	48	$2\frac{1}{4}$	56
127	Pendeurs des palanquins du mât.....	2	11	$5\frac{1}{2}$	69	2	4	4	13
id.	Palanquins......................	2	80	3	160	2	58	2	52
121 à 123	Guindereffe....................	1	85	$9\frac{1}{4}$	1748	1	65	$6\frac{1}{4}$	514
	Cordages de la Vergue.								
145	Itagues doubles.................	2	54	$5\frac{1}{4}$	311	2	42	$4\frac{1}{4}$	157
id.	Driffes.........................	2	180	$3\frac{1}{2}$	458	2	130	$2\frac{1}{2}$	169
	Fauffes driffes..................	1	65	$3\frac{1}{2}$	165	1	38	$2\frac{1}{2}$	49
166	Bras...........................	2	132	$3\frac{1}{2}$	336	2	94	$2\frac{1}{2}$	122
id.	Dormans des bras................	2	2	$3\frac{1}{2}$	5	2	2	$2\frac{1}{2}$	3
158	Balancines......................	2	118	$3\frac{1}{2}$	300	2	82	$2\frac{1}{2}$	107
153	Bâtard de racage................	1	15	3	30	1	10	$2\frac{1}{2}$	12
137	Marche-pieds....................	2	21	3	24	2	12	3	24
	Cordages de la Voile.								
203	Ecoutes........................	2	90	8	1187	2	62	6	445
217	Boulines........................	2	90	$3\frac{3}{4}$	261	2	76	$2\frac{3}{4}$	120
id.	Pattes d'*id*.....................	2	20	$3\frac{3}{4}$	58	2	14	$2\frac{3}{4}$	22
224	Cargue-points...................	2	118	$3\frac{1}{2}$	300	2	82	$2\frac{1}{2}$	107
229	Cargue-fonds....................	2	100	$2\frac{3}{4}$	158	2	72	2	65
230	Cargue-boulines.................	2	100	$2\frac{3}{4}$	158	2	72	2	65
219	Palanquins de ris................	2	110	$2\frac{1}{2}$	143	2	80	$1\frac{1}{2}$	43
id.	Itagues pour *id*.................	2	12	4	40	....	....	....	....
231	Saifines ou dégorgeoirs...........	2	62	$2\frac{1}{2}$	81	2	44	2	40
	MAT DE PETIT PERROQUET.								
	Cordages du Mât.								
108	Etai	1	41	$4\frac{1}{4}$	153	1	$28\frac{1}{2}$	3	57
id.	Ride d'*id*......................	1	10	2	9	1	7	$1\frac{1}{2}$	4
93 à 99	Haubans........................	6	54	3	108	6	60	2	54
					69630				27032

Pages du Traité auxquelles les objets sont décrits.	DÉNOMINATIONS.	Pour un Vaisseau de 100 à 118 Canons.				Pour une Frégatte portant du 18.			
		Nombre.	longueur en brasses.	Grosseur en pouces.	Poids en livres.	Nombre.	longueur en brasses.	Grosseur en pouces.	Poids en livres.
	D'autre part..................				69630				27032
96	Rides des haubans du petit perroquet....	6	36	$1\frac{1}{4}$	24	6	30	$1\frac{1}{2}$	16
102 à 104	Galhaubans..................	4	132	$3\frac{1}{2}$	336	4	108	3	216
id.	Rides d'*id*..................	4	28	2	25	4	28	$1\frac{1}{4}$	19
	Cordages de la Vergue.								
146	Itague..................	1	10	4	34	1	9	$2\frac{1}{4}$	14
id.	Drisse..................	1	71	$3\frac{1}{2}$	181	1	54	$2\frac{1}{2}$	63
154	Bâtard de racage..................	1	5	$2\frac{1}{2}$	7	1	4	$2\frac{1}{2}$	6
	Marche-pieds..................	1	7	$2\frac{3}{4}$	10	1	5	$2\frac{1}{2}$	7
167	Bras..................	2	120	2	108	2	86	$1\frac{1}{2}$	57
159	Balancines..................	2	50	2	45	2	36	$1\frac{1}{4}$	24
	Cordages de la Voile.								
203	Ecoutes..................	2	118	$3\frac{1}{2}$	300	2	86	$2\frac{1}{2}$	112
217	Boulines avec leurs pattes..................	2	100	$1\frac{1}{4}$	67	2	74	$1\frac{1}{2}$	39
224	Cargue-points..................	2	108	2	97	2	78	$1\frac{1}{4}$	52

MAT DE BEAUPRÉ.

Cordages du Mât.

Pages	DÉNOMINATIONS.	Nombre.	longueur en brasses.	Grosseur en pouces.	Poids en livres.	Nombre.	longueur en brasses.	Grosseur en pouces.	Poids en livres.
112	Liûres de Beaupré..................	2	164	8	2165	1	80	$4\frac{1}{2}$	340
113	Sous-barbe simple..................	1	24	8	316	1	15	6	108
id.	Ride pour *id*..................	1	14	$3\frac{1}{2}$	36	1	10	$2\frac{1}{4}$	16
101	Haubans du minois..................	2	72	$2\frac{1}{4}$	114	2	40	2	40
115	Garde-corps du beaupré..................	1	19	3	38	2	15	$2\frac{1}{2}$	19
	Cordages de la vergue de Civadiere.								
148	Palan de bout..................	1	45	$3\frac{1}{2}$	115	1	34	$2\frac{1}{4}$	54
170	Bras..................	2	100	$2\frac{1}{4}$	158	2	82	2	74
161	Balancines..................	2	80	$2\frac{3}{4}$	126	2	62	2	56
140 & 162	Moustaches, les deux côtés........	2	10	3	20	2	9	$2\frac{1}{4}$	10
141	Marche-pieds..................	2	12	3	24	2	11	$2\frac{1}{2}$	13
	Cordages de la voile de Civadiere.								
204	Ecoutes..................	2	80	$3\frac{1}{2}$	204	2	62	$2\frac{1}{2}$	81
224	Cargue-points..................	2	5	$2\frac{1}{2}$	73	2	54	2	49
					74253				28517

Pages du Traité auxquelles les objets sont décrits.	DÉNOMINATIONS.	Pour un Vaisseau de 100 à 118 Canons.				Pour une Frégate portant du 18.			
		Nombre.	longueur en brasses.	Grosseur en pouces	Poids en livres.	Nombre.	longueur en brasses.	Grosseur en pouces.	Poids en livres.
	Ci contre				74253				28517
229	Cargue-fonds....................	2	44	$1\frac{1}{4}$	29	2	34	$1\frac{1}{4}$	23
	Contre-Civadière.								
	Cordages de la Vergue.								
141	Palan de bout....................	1	36	$2\frac{1}{2}$	47	1	28	$1\frac{1}{4}$	19
171	Bras	2	100	$1\frac{3}{4}$	67	2	60	$1\frac{1}{2}$	32
162	Balancines	2	60	$1\frac{3}{4}$	40	2	40	$1\frac{1}{2}$	21
	Cordages de la Voile.								
225	Cargues....................	2	60	$1\frac{3}{4}$	40	2	50	$1\frac{1}{4}$	20
	Manœuvres des Focs.								
	Itague du grand foc..............	1	35	$5\frac{1}{4}$	202	1	26	4	87
196	Drisse d'*id*....................	1	58	$2\frac{3}{4}$	91	1	42	2	38
207	Ecoute d'*id*....................	1	46	5	239	1	31	$3\frac{1}{4}$	90
212	Amures d'*id*....................	1	26	$3\frac{1}{2}$	66	1	15	3	30
	Itague du faux foc..............	1	30	$4\frac{1}{4}$	140	1	22	$3\frac{1}{2}$	56
197	Drisse d'*id*....................	1	48	$2\frac{1}{2}$	62	1	38	$1\frac{1}{4}$	25
207	Ecoute d'*id*....................	1	38	$4\frac{1}{2}$	160	1	27	$3\frac{1}{4}$	60
196	Drisse du petit foc..............	1	40	$3\frac{1}{2}$	102	1	30	$2\frac{1}{2}$	47
212	Amures d'*id*....................	1	18	$3\frac{3}{4}$	40	1	10	$2\frac{1}{4}$	16
207	Ecoute d'*id*....................	1	38	$4\frac{1}{2}$	142	1	30	3	60
237	Calebas....................	3	72	$1\frac{1}{4}$	43	3	50	$1\frac{1}{4}$	20

VOILES D'ÉTAI.

Pages	DÉNOMINATIONS.	Nombre.	longueur en brasses.	Grosseur en pouces	Poids en livres.	Nombre.	longueur en brasses.	Grosseur en pouces.	Poids en livres.
195	Drisse de la voile d'étai d'artimon	1	36	$2\frac{1}{4}$	57	1	27	2	24
194	——de la grande voile d'étai.........	1	46	$3\frac{1}{2}$	115	1	37	$2\frac{1}{2}$	48
id.	——de la voile d'étai du grand hunier..	1	60	$3\frac{1}{2}$	153	1	45	$2\frac{1}{2}$	59
195	——de la fausse ou contre voile *id*.....	1	60	$3\frac{1}{2}$	153	1	45	$2\frac{1}{2}$	59
id.	——de celle de grand perroquet......	1	50	2	45	1	37	$1\frac{1}{2}$	20
196	——de celle de perroquet de fougue...	1	40	$1\frac{1}{2}$	27	1	30	$1\frac{1}{2}$	16
205	Ecoutes de la voile d'étai d'artimon...	1	10	$2\frac{1}{4}$	16	1	7	2	6
id.	——de la grande voile d'étai.........	1	20	$3\frac{1}{4}$	58	1	11	$2\frac{1}{4}$	17
206	——de la voile d'étai de grand hunier..	1	40	$3\frac{1}{2}$	102	1	30	$2\frac{1}{4}$	35
id.	——de la contre-voile, *id*...........	1	40	$3\frac{1}{2}$	102	1	30	$2\frac{1}{4}$	35
id.	——de la voile d'étai de grand perroquet	1	20	2	18	1	17	$1\frac{1}{2}$	9
205	——de celle du perroquet de fougue...	1	20	2	18	1	15	$1\frac{1}{2}$	8
211	Amure de la voile d'étai d'artimon.....	1	10	$2\frac{1}{4}$	16	1	7	2	6
					76648				29503

Pages du Traité auxquelles les objets sont décrits.	DÉNOMINATIONS.	Pour un Vaisseau de 100 à 118 Canons.				Pour une Frégate portant du 18.			
		Nombre.	longueur en braſſes.	Groſſeur en pouces.	Poids en livres.	Nombre.	longueur en braſſes.	Groſſeur en pouces.	Poids en livres.
	D'autre part...............				76648			.	29503
211	Amure de la grande voile d'étai......	1	10	3½	25	1	7	2¼	11
id.	——de la voile d'étai de grand hunier..	1	15	3¼	33	1	11	2¼	13
id.	——de la contre-voile, *id.*...........	1	15	3¼	33	1	11	2¼	13
id.	——de la voile d'étai de grand perroquet.	1	15	2¼	24	1	11	2	10
212	——de celle du perroquet de fougue...	1	10	2¼	16	1	7	2	6
	BONNETTES.								
	Bonnettes baſſes.								
197	Driſſes des bonnettes de grande vergue..	6	292	3½	646	4	136	2¼	177
id.	————————de miſaine.......	6	248	3¼	548	4	116	2¼	136
207	Ecoutes————de grande vergue..	2	50	3¼	111	2	36	2½	47
id.	————de miſaine......	2	40	3¼	88	2	30	2¼	35
	Boulines————de grande vergue..	2	50	1½	33	2	36	1¼	14
	————de miſaine........	2	40	1¼	27	2	30	1¼	12
	Balancines d'arboutans.............	4	90	3¼	199	4	72	2½	94
212 & 213	Amures des bonnettes de grande vergue.	2	110	3¼	243	2	86	2½	112
id.	——de celles de miſaine............	2	100	3¼	221	2	78	2¼	91
	Bonnettes hautes								
198	Driſſes des bonnettes de grand hunier...	4	252	3½	641	2	92	2½	120
id.	*id.* -- de celles de petit hunier........	4	228	3½	580	2	84	2½	109
207	Ecoutes de celles du grand hunier.....	2	36	3½	92	2	22	2½	29
208	*id.* —de celles du petit hunier........	2	30	3¼	66	2	18	2½	23
213	Amures, *id.* du grand *id.*........	2	70	3¼	178	2	50	2½	65
id.	*id. id.* du petit *id.*..............	2	64	3¼	142	2	46	2¼	54
	Boulines *id.* du grand *id.*.............	2	80	1¾	53	2	60	1¼	24
	id. id. du petit *id.*.................	2	80	1¼	53	2	58	1¼	23
	Bonnettes de Perroquet.								
199	Driſſes.................	4	180	1¼	120	4	160	1½	85
208	Ecoutes.................	4	120	1½	64	4	96	1¼	38
214	Amures.................	4				4			
	Bonnettes du Perroquet de fougue.								
	Driſſes.................	2	70	2	63	2	54	1¼	36
	Ecoutes.................	2	10	2	9	2	8	1½	5
	Amures.................	2	85	2¼	134	....	....	....	....
					81090				36885

Pages du Traité auxquelles les objets sont décrits.	DÉNOMINATIONS.	Pour un Vaisseau de 100 à 118 Canons.				Pour une Frégate portant du 18.			
		Nombre.	longueur en brasses.	Grosseur en pouces.	Poids en livres.	Nombre.	longueur en brasses.	Grosseur en pouces.	Poids en livres.
	Ci contre..................				81090				36885
	AUTRES MANŒUVRES.								
241	Sauve-garde..................	1	26	7½	302	1	15	5¼	86
	Petites id. à chaînes..............	2	28	5½	177	2	14	3¾	41
	Palans à fouët..................	22	550	3½	1399	16	288	2½	374
	——à crocs..................	22	506	3¾	1119	16	272	2½	354
	——de chaloupes..........	2	96	3½	244	2	68	2½	88
	——de bout de vergues..........	4	200	3½	509	4	144	2½	187
	——d'amure..................	2	80	3½	177	2	58	2½	68
130	Suspente ou maroquin..........	1	50	10½	1014	1	36	4¼	444
id.	Garant pour id.	1	85	5¼	489	1	61	4	204
343	Galhaubans volans..............	6	180	7	1835	4	90	5	467
	Traversin ou chatte..............	1	25	7½	290	1	18	5¼	114
	Palan de roulis..............	4	220	3½	486	4	156	2½	203
	Itagues pour id..............	4	72	5	374	4	34	4	114
	Palans de dimanche..............	6	108	2	97	....			
	Aiguillettes de bosses..............	12	140	2½	182	10	60	1¼	40
	——de tourne-vire..............	2	24	4½	101	2	19	3¾	48
	——de grelins..............	4	48	4½	202	4	34	3¾	75
	Cordages pour l'étalingûre des cables..		160	2	144		120	1¼	80
	Garniture de bouées..............		150	2	135		28	2¼	33
	Pour id. quaranteniers de 9 fils........		350	1¼	140		160	1¼	64
	Grands faux-bras..............	2	112	4½	470	2	84	3	168
	Faux-bras de misaine..............	2	112	4	375	2	84	3	168
	——————du grand hunier..........	2	120	3½	305	2	90	2¼	142
	——————du petit hunier..........	2	110	3½	280	2	90	2¼	142
	Grandes fausses cargues.....	2	90	3½	229	2	68	2½	88
	Fausses cargues de misaine..........	2	86	3½	219	2	66	2½	86
	Pataras, ou faux haubans doubles.....	4	120	10½	2433	4	96	8¼	1336
144	Suspentes de grande vergue........	1	30	8½	440	1	24	6¼	190
id.	——de misaine..............	1	28	8½	410	1	22	6	158
	——d'artimon..............	1	20	6½	173	1	12	4½	50
272	Braguet du grand mât de hune.......	1	36	7	367	1	26	5½	164
id.	——du petit mât de hune..........	1	34	6½	295	1	24	5¼	138
	Etai de tangage..............	1	20	9¼	371	1	15	8	198
	Ride pour id..............	1	18	4	60	1	12	3	24
	Caliornes de braguet..............	2	90	3½	219	2	66	2½	86
	Fausses écoutes..............	2	120	7	1163	2	90	5	437
	Fausses amures..............	2	66	9	1071	2	54	6½	468
	Fausses balancines..............	4	176	3½	443	4	120	2½	456
	Palans pour id..................	4	80	2½	104	4	60	1¼	40
					99953				44508

Pages du Traité auxquelles les objets font décrits.	DÉNOMINATIONS.	Pour un Vaiffeau de 100 à 118 Canons.				Pour une Frégate portant du 18.			
		Nombre.	longueur en braffes.	Groffeur en pouces.	Poids en livres.	Nombre.	longueur en braffes.	Groffeur en pouces.	Poids en livres.
	D'autre part..............				99953				44508
	CORDAGES DES ANCRES.								
295 à 298	Cables du premier brin..........	5	600	24	62510	4	480	17	25392
	id. — du fecond brin..........	1	120	24	12502	1	110	17	6548
	id. — id.	1	120	23	11844	1	110	16	5558
	Grelins.....................	2	240	12	6456	2	240	8½	3388
	id	2	240	11½	5764	2	240	7½	2584
302	Boffes debout..............	2	40	9¼	679	2	26	7¼	321
300	Orins de grandes ancres..........	3	100	9¼	1798	3	100	6¼	912
id.	—d'ancres à touer..........	2	50	7½	562	2	50	5½	301
301	Garants de capon..............	2	120	5½	757	2	86	4	288
303	Serre-boffes.................	10	100	7½	1160	8	80	6½	693
327	Tourne-vire.................	1	75	11½	2053	1	52	8½	740
	RECHANGE.								
	Grandes driffes à l'Angloife........	2	180	5¼	1202	2	126	4	422
	Driffes de mifaine............	2	170	5½	1072	2	118	3¾	342
	Grandes écoutes.............	2	120	7	1168	2	90	5	437
	Ecoutes de mifaine...........	2	115	6½	978	2	86	4¾	359
	Grands écouets ou amures à breffin....	2	120	5¼	691	2	84	3¾	244
	Amures de mifaine............	2	100	5	519	2	72	3½	183
	Guindcreffes du grand mât de hune....	1	95	10½	2181	1	68	6½	578
	—du petit id.............	1	85	9¼	1748	1	65	6¼	514
	Ecoutes du grand mât de hune......	2	100	8½	1465	2	66	6½	572
	—du petit id.............	2	90	8	1187	2	62	6	445
	Itagues de hune.............	4	114	5¼	719	4	88	4½	370
	Tourne-vire.................	1	75	11½	2053	1	54	8½	740
	Pièces de cordage............	2	240	7	2446	....	....	....	....
	id.............	2	240	6½	2080	....	....	....	....
	id.............	2	240	6	1722	....	....	....	....
	id.............	2	240	5½	1514	....	....	....	....
	id.............	2	240	5	1246	1	120	5	623
	id.............	3	330	4½	1386	1	110	4½	462
	id.............	3	300	4	1005	2	200	4	670
	id.............	5	450	3½	1115	3	270	3½	687
	id.............	6	480	3	560	3	240	3	480
	id.............	9	630	2½	819	3	210	2½	273
	id.............	9	630	2	567	4	280	2	252
	Pièces de quaranteniers de 15 fils.....	9	540	1¾	360	4	240	1¼	160
	id —— de 12 id.............	9	540	1½	288	5	300	1½	160
	id. —— de 9 id.............	9	450	1¼	180	5	250	1¼	100
					236709				100096

Pages du Traité auxquelles les objets sont décrits.	DÉNOMINATIONS.	Pour un Vaisseau de 100 à 118 Canons.				Pour une Frégate portant du 18.			
		Nombre.	longueur en brasses.	Grosseur en pouces.	Poids en livres.	Nombre.	longueur en brasses.	Grosseur en pouces.	Poids en livres.
	Ci contre......................				236709				100096
	Pièces de quaranteniers de 6 fils....	14	700	1	182	5	250	1	65
	Lignes d'amarrages de 6 fils..........	55	1200		200	24	960	.....	120
	Merlin & luzin...................	80			80	26	.....	.....	26
	Bittord..........................	700			700	300	.....	.....	300
	Vieux cables pour garcettes.........				18000	....	.....	.....	8000
	Cordages pour garnitures de vergues, estrops de poulies, bâtards de racages, estrops de suspentes, des pataras, pendeurs des bras, marche-pieds, étriers, haubans des minois, moustaches, itagues des palanquins de ris, &c.				3835	....	.....	.....	1836
	Cordages pour aiguillettes des poulies, amarrages des étais, & faux étais & de leurs colliers, des haubans & galhaubans & leurs enflèchures, cargues & étais de tentes, drosses & fausses drosses, garnitures de poulies, branches de martinet: pour les pompes & garniture, pour la céinture; lignes, merlin, & bittord pour les cadres, pour les pavois & lignes de sonde, cablots, remorques; ceintures & estrops des chaloupes & canots, leurs gréements, pour les amarrages des poulies, taquets, quenouillettes, &c. pour fourrures, bittord pour filets de bastingage & casse-têtes, pour estrops, fourrure & amarrage des bouées, emboudinure des ancres, &c., &c................				6515	....	.....	.....	3935
	Poids total du gréement & rechange en cordages.....				266221				114378

IIIᵉ. ÉTAT

*Des proportions & poids des Cordages qui composent le Gréement d'un Vais-
seau de chaque rang, & des Cables, Grelins & Rechange, qui entrent
dans son armement.*

Pages du Traité auxquelles les objets sont décrits.	DÉNOMINATIONS.	Pour un Vaisseau de 74 Canons.				Pour une Frégate portant du 12.			
		Nombre.	longueur en brasses.	Grosseur en pouces.	Poids en livres.	Nombre.	longueur en brasses.	Grosseur en pouces.	Poids en livres.
249	Driffes de Pavillon..............	1	50	$1\frac{1}{4}$	15	1	40	$1\frac{1}{4}$	12
	MAT D'ARTIMON.								
	Cordages du Mât.								
104 & 108	Etai........................	1	18	$7\frac{1}{4}$	214	1	12	$6\frac{1}{4}$	95
	Ride à cap-de-mouton pour *id.*........	1	13	$3\frac{1}{2}$	33	1	10	$2\frac{1}{4}$	16
109	Itague à moque pour *id.*...........	1	$4\frac{1}{2}$	$4\frac{1}{4}$	21	1	$3\frac{1}{2}$	$3\frac{1}{4}$	10
	Garant pour *id.* ou ride.............	1	13	$2\frac{1}{4}$	20	1	$10\frac{1}{2}$	2	9
93 à 99	Haubans.....................	12	132	6	947	10	98	$4\frac{1}{4}$	457
	Rides pour *id.*...................	12	120	3	240	10	80	$2\frac{1}{4}$	94
	Pendeurs des palans du Mât.........	2	9	6	65	2	6	$4\frac{1}{2}$	28
	Palans doubles.................	2	84	$2\frac{3}{4}$	132	2	66	$2\frac{1}{4}$	77
	Araignée	1	50	$1\frac{1}{4}$	20	1	50	$1\frac{1}{4}$	20
96	Gambes.....................	8	40	$2\frac{1}{2}$	52	8	36	2	32
	Cordages de la Vergue.								
155	Bâtard de racage................	1	11	$2\frac{1}{2}$	15	1	8	$2\frac{1}{2}$	10
id.	Palans de droffe................	2	50	$2\frac{1}{2}$	39	2	24	$1\frac{3}{4}$	16
147	Driffe à Caliornes...............	1	70	$4\frac{1}{4}$	262	1	50	$3\frac{1}{2}$	127
160	Martinet double................	1	50	3	100	1	40	$2\frac{1}{4}$	47
	Faux Martinet.................	1	40	$3\frac{1}{2}$	102	1	29	3	58
170	Ourfes......................	2	36	3	72	2	30	$2\frac{1}{4}$	35
250	Driffe de flamme...............	1	50	1	10	1	50	1	10
	Cordages de la Voile.								
203	Ecoute......................	1	45	$2\frac{1}{4}$	71	1	35	$2\frac{1}{4}$	41
					2430				1194

Pages du Traité auxquelles les objets sont décrits.	DÉNOMINATIONS.	Pour un Vaisseau de 74 Canons.				Pour une Frégate portant du 12.			
		Nombre.	longueur en brasses.	Grosseur en pouces	Poids en livres.	Nombre.	longueur en brasses.	Grosseur en pouces.	Poids en livres.
	Ci contre.....................				2430				1194
232	Cargues......................	12 {	140 / 60	2 / $1\frac{1}{4}$	166	12 {	120 / 60	$1\frac{1}{4}$ / $1\frac{1}{4}$ }	112
	Vergue sèche ou barrée.								
168	Bras doubles................	2	88	$2\frac{1}{4}$	103	2	70	$1\frac{1}{4}$	47
159	Balancines doubles..........	2	88	$2\frac{1}{4}$	103	2	70	$1\frac{1}{4}$	47
135 & 138	Marche-pieds................	2	12	3	24	2	8	$2\frac{1}{2}$	10
	PERROQUET DE FOUGUE.								
	Cordages du Mât.								
109	Etai & sa ride..............	1	18	$4\frac{1}{4}$	67	1	12	$3\frac{1}{2}$	31
93 à 99	Haubans.....................	8	62	$3\frac{1}{4}$	137	8	53	$2\frac{1}{2}$	83
	Rides pour *id*............	8	56	$1\frac{1}{4}$	37	8	56	$1\frac{1}{2}$	30
127	Pendeurs....................	2	8	$3\frac{1}{4}$	18	2	5	$2\frac{1}{2}$	6
102 & 103	Galhaubans..................	4	68	$3\frac{1}{2}$	173	4	60	3	120
	Rides pour *id*............	4	36	2	32	4	32	$1\frac{3}{4}$	21
	Cordages de la Vergue.								
145	Itague......................	1	16	$3\frac{1}{2}$	41	1	12	$2\frac{1}{2}$	16
145	Drisse......................	1	55	2	50	1	46	$1\frac{1}{2}$	25
168	Bras.......................	2	82	2	74	2	58	$1\frac{1}{2}$	31
160	Balancines..................	2	82	2	74	2	58	$1\frac{1}{2}$	31
	Cordages de la Voile.								
200 & 204	Ecoutes.....................	2	54	$3\frac{1}{4}$	157	2	44	3	88
224	Cargue-points...............	2	74	2	67	2	58	$1\frac{1}{2}$	31
229	Cargue-fonds................	2	64	$1\frac{1}{4}$	43	2	50	$1\frac{1}{4}$	20
218	Boulines & pattes...........	2	64	$1\frac{1}{4}$	43	2	50	$1\frac{1}{4}$	10
219 & 220	Palanquins de ris...........	2	64	$1\frac{1}{2}$	34	2	50	1	13
	PERRUCHE.								
	Cordages du mât.								
104 & 109	Etai........................	1	22	2	20	1	17	$1\frac{3}{4}$	11
93 à 99	Haubans.....................	4	22	2	20	4	17	$1\frac{1}{2}$	9
					3913				1996

Pages du Traité auxquelles les objets sont décrits.	DÉNOMINATIONS.	Pour un Vaisseau de 74 Canons.				Pour une Frégate portant du 12.			
		Nombre.	longueur en braffes.	Grosseur en pouces.	Poids en livres.	Nombre.	longueur en braffes.	Grosseur en pouces.	Poids en livres.
	D'autre part..............				3915				1996
	Cordages de la Vergue.								
163 & 169	Bras.................	2	54	2	49	2	42	1½	22
160	Balancines................	2	58	1½	31	2	42	1¼	22
	Cordages de la Voile.								
224	Cargues................	2	44	1¼	23	2	34	1¼	14
	GRAND MAT.								
	Cordages du Mât.								
105 à 107	Etai.................	1	24	15	1097	1	21	12	613
	Ride pour *id*.............	1	43	4½	181	1	32	3¾	93
106	Collier................	1	18	14	765	1	11	11½	301
	Faux Etai.............	1	21	9½	378	1	20	7½	224
	Ride pour *id*.............	1	18	3½	45	1	11	2¼	17
ibid.	Faux Collier.............	1	18	9¼	324	1	11	7½	123
93 à 99	Haubans.............	18	264	9¼	4479	16	202	7¼	2491
96	Rides pour *id*.............	18	180	4½	756	16	160	3¾	464
125 & 126	Pendeurs.............	2	26	9½	441	2	20½	7½	253
125	Garans de Caliornes.............	2	140	4½	588	2	118	3¾	342
126	Palans doubles en bas.............	2	130	3½	287	2	100	2½	130
128	Suipentes des palans d'étai.........	2	28	7¼	307	2	20	5½	134
id.	Guis pour *id*.............	2	86	3	172	2	68	2½	88
id.	Palans d'étai.............	2	120	3½	305	2	98	3½	217
id.	Bredindin.............	1	55	2½	87	1	42	2¼	49
id.	Pendeur pour *id*.............	1	10	4½	37	1	9	3½	23
id.	Cui pour *id*.............	1	40	2½	47	1	34	1¼	23
	Araignée.............	1	70	1½	47	1	60	1½	32
96	Gambes.............	12	84	3	168	10	60	2½	95
115 à 119	Trelingage.............	1	62	2¼	98	1	49	2¼	57
	Cordages de la Vergue.								
151	Racage à droffe................	2	24	7¼	263	2	20	5½	134
id.	Palans pour *id*.............	2	70	2½	82	2	58	1¼	39
135	Marche-pieds.............	2	28	3¼	62	2	16	3	32
143	Driffes à caliorne à trois rouets........	2	150	5	779	2	124	3½	360
163 & 164	Bras.................	2	114	3½	290	2	92	3½	203
					16102				8591

Pages du Traité auxquelles les objets sont décrits.	DÉNOMINATIONS.	Pour un Vaisseau de 74 Canons.				Pour une Frégate portant du 12.			
		Nombre.	longueur en brasses.	Grosseur en pouces	Poids en livres.	Nombre.	longueur en brasses.	Grosseur en pouces.	Poids en livres.
	Ci contre......................				16102				8591
157	Balancines à palans.................	2	140	3½	356	2	118	3	236
	Cordages de la Voile.								
201	Écoutes.....................	2	100	6	730	2	88	4¼	367
209	Écouets ou Amures...............	2	98	4¾	457	2	80	3¾	232
215	Boulines....................	2	63	4¼	235	2	50	3¼	127
id.	Pattes.....................	2	13	4¼	49	2	10	3½	25
223	Cargue-points.................	2	100	3½	254	2	80	3	160
225	Cargue-fonds..................	4	96	2¼	112	4	76	1¾	51
226 & 227	Itagues de cargue fonds.............	4	104	3	208	4	60	2¼	70
229	Cargue-boulines.................	4	96	2¼	112	4	76	1¾	51
	Itagues de cargue-boulines..........	4	104	3	208	4	60	2¼	70

GRAND MAT DE HUNE.

Cordages du Mât.

Pages	DÉNOMINATIONS.	Nombre.	longueur en brasses.	Grosseur en pouces	Poids en livres.	Nombre.	longueur en brasses.	Grosseur en pouces.	Poids en livres.
107	Étai.....................	1	33	7½	392	1	26	6¼	206
id.	Ride à palan pour id...............	1	18	3¼	40	1	14	2¼	22
110	Faux étai....................	1	30	5½	180	1	24	4¼	112
id.	Ride pour id...................	1	16	3	32	1	7	2¼	8
93 à 99	Haubans....................	10	126	5	654	10	100	4¼	420
96	Rides pour id..................	10	70	2¼	82	10	50	2	45
102	Galhaubans...................	6	164	6¼	1296	6	130	5½	742
	Rides pour id..................	6	48	2¼	76	6	48	2¼	56
127	Pendeurs....................	2	7½	5	39	2	5	4¼	21
id.	Palans du mât..................	2	74	2¼	87	2	60	1¾	40
121 à 123	Guinderesse...................	1	84	7¼	999	1	66	6¼	522

Cordages de la Vergue.

Pages	DÉNOMINATIONS.	Nombre.	longueur en brasses.	Grosseur en pouces	Poids en livres.	Nombre.	longueur en brasses.	Grosseur en pouces.	Poids en livres.
144	Itagues doubles.................	2	50	5	260	2	44	4¼	154
145	Drisses.....................	2	170	3¼	376	2	134	2¾	174
	Fausse drisse..................	1	65	3¼	144	1	59	2¼	51
153	Bâtard de racage................	1	14	2¼	23	1	9	2¼	11
135 & 136	Marche-pieds..................	2	12	3	24	2	12	3	24
164	Bras......................	2	114	3¼	252	2	92	2¼	148
id.	Pendeurs de bras................	2	2	3½	5	2	2	3	4
157	Balancines...................	2	110	3¼	243	2	92	2¼	148
					24027				12895

Pages du Traité auxquelles les objets sont décrits.	DÉNOMINATIONS.	Pour un Vaisseau de 74 Canons.				Pour une Frégate portant du 12.			
		Nombre.	longueur en brasses.	Grosseur en pouces.	Poids en livres.	Nombre.	longueur en brasses.	Grosseur en pouces.	Poids en livres.
	D'autre part..................				24027				12895
	Cordages de la Voile.								
201	Ecoutes.....................	2	80	$7\frac{1}{2}$	928	2	64	$6\frac{1}{4}$	506
215	Boulines....................	2	82	$3\frac{1}{2}$	238	2	70	$2\frac{1}{2}$	110
id.	Pattes d'*id*...............	2	18	$3\frac{1}{4}$	52	2	16	$2\frac{1}{2}$	25
223	Cargue-points..............	2	110	$3\frac{1}{4}$	243	2	90	$2\frac{1}{2}$	117
228	Cargue-fonds...............	2	96	$2\frac{1}{2}$	125	2	78	2	70
230	Cargue-boulines...........	2	96	$2\frac{1}{2}$	125	2	78	2	70
219	Palanquins de ris..........	2	104	$2\frac{1}{4}$	122	2	84	$1\frac{1}{4}$	56
id.	Itagues pour *id*..........	2	11	$3\frac{1}{4}$	32	2	10	3	20
231	Dégorgeoirs ou faisines......	2	60	$2\frac{1}{4}$	70	2	50	2	45

MAT DE GRAND PERROQUET.

Cordages du Mât.

Pages	DÉNOMINATIONS.	Nombre.	longueur en brasses.	Grosseur en pouces.	Poids en livres.	Nombre.	longueur en brasses.	Grosseur en pouces.	Poids en livres.
108	Etai.......................	1	28	$3\frac{1}{4}$	81	1	26	3	52
id.	Ride pour *id*.............	1	9	$1\frac{1}{4}$	6	1	8	$1\frac{1}{4}$	5
98	Haubans....................	6	54	$2\frac{1}{4}$	63	6	60	$2\frac{1}{4}$	70
96	Rides pour *id*............	6	30	$1\frac{1}{4}$	20	6	30	$1\frac{1}{2}$	16
102	Galhaubans.................	4	124	3	248	4	108	3	216
id.	Rides d'*id*...............	4	23	2	25	4	25	$1\frac{1}{4}$	19

Cordages de la Vergue.

Pages	DÉNOMINATIONS.	Nombre.	longueur en brasses.	Grosseur en pouces.	Poids en livres.	Nombre.	longueur en brasses.	Grosseur en pouces.	Poids en livres.
146	Itague	1	10	$3\frac{1}{2}$	25	1	9	3	18
id.	Drisse.....................	1	64	3	128	1	56	$2\frac{1}{2}$	73
154	Bâtard de racage...........	1	4	2	3	1	3	2	2
	Marche-pieds...............	2	6	$2\frac{1}{4}$	10	2	4	$2\frac{1}{4}$	6
165	Bras.......................	2	110	$1\frac{1}{4}$	73	2	88	$1\frac{1}{4}$	59
159	Balancines.................	2	54	$1\frac{1}{4}$	36	2	42	$1\frac{1}{4}$	28

Cordages de la Voile,

Pages	DÉNOMINATIONS.	Nombre.	longueur en brasses.	Grosseur en pouces.	Poids en livres.	Nombre.	longueur en brasses.	Grosseur en pouces.	Poids en livres.
202	Ecoutes....................	2	110	$3\frac{1}{2}$	243	2	88	$2\frac{1}{2}$	114
216	Boulines avec leurs pattes....	2	100	$1\frac{1}{2}$	53	2	78	$1\frac{1}{2}$	42
224	Cargue-points..............	2	104	$1\frac{1}{2}$	69	2	80	$1\frac{1}{4}$	53

MAT DE MISAINE.

Cordages du Mât.

Pages	DÉNOMINATIONS.	Nombre.	longueur en brasses.	Grosseur en pouces.	Poids en livres.	Nombre.	longueur en brasses.	Grosseur en pouces.	Poids en livres.
108	Etai.......................	1	18	14	765	1	16	$11\frac{1}{2}$	438
					27810				15125

Pages du Traité auxquelles les objets sont décrits.	DÉNOMINATIONS.	Pour un Vaisseau de 74 Canons.				Pour une Frégate portant du 12.			
		Nombre.	longueur en brasses.	Grosseur en pouces.	Poids en livres.	Nombre.	longueur en brasses.	Grosseur en pouces	Poids en livres.
	Ci contre......................				278:0				15125
id.	Ride pour l'étai de misaine........	1	38	4 ¼	142	1	30	3 ¼	87
id.	Collier....................	1	6	13 ½	232	1	5	10 ½	119
111	Faux étai..................	1	18	8 ¾	278	1	15	7 ½	168
id.	Ride pour id.	1	16	3 ½	41	1	10	2 ¼	16
93 à 99	Faux collier..............	1	6	8 ¼	93	1	5	7 ½	56
96	Haubans..................	16	220	8 ¼	3385	14	161	7 ¼	1764
125 & 126	Rides d'id.	16	176	4 ½	739	14	140	3 ¾	406
125	Pendeurs.................	2	24	8 ¾	369	2	20	7 ¼	219
126	Garans de caliornes...........	2	130	4 ¼	486	2	110	3 ¼	243
115 à 119	Id. de Candelettes............	2	140	4 ½	523	2	110	3 ¼	243
96	Trélingage..................	1	57	2 ¼	90	1	42	2	38
	Gambes....................	10	65	3	130	10	55	2 ¼	87
	Araignée..................	1	60	1 ¼	40	1	60	1 ½	32
	Cordages de la Vergue.								
151	Racage à drosse................	1	10	7	110	......	......	......	......
id.	Garants pour id...............	2	68	2 ¼	80	2	56	1 ¼	37
135	Marche-pieds...............	2	24	3 ¼	52	2	14	3	23
144	Drisses à caliorne..............	2	140	4 ¼	653	2	116	3 ½	295
166	Bras	2	114	3 ½	290	2	93	3 ¼	203
id.	Pendeurs des bras.............	2	2	4	7	......	......	......	......
157	Balancines	2	130	3 ¼	287	2	112	2 ¼	176
	Cordages de la Voile.								
202	Ecoutes...................	2	96	5 ½	579	2	85	4 ½	337
210	Amures à bressin..............	2	90	4 ½	378	2	70	3 ½	178
217	Boulines...................	2	60	4	201	2	48	3 ¼	106
id.	Pattes pour id...............	2	10	4	33	2	7	3 ¼	15
223	Cargue-points...............	2	90	3 ¼	199	2	76	2 ¼	120
226	Cargue-fonds................	4	84	2 ¼	98	4	68	1 ¾	45
227	Itagues de cargue-fonds...........	4	92	2 ¼	145	4	54	2 ¼	63
230	Cargue-boulines..............	4	84	2 ¼	98	4	68	1 ¾	45
	Itagues de cargue-boulines.........	4	92	2 ¼	145	4	54	2 ¼	63
	PETIT MAT DE HUNE.								
	Cordages du Mât.								
108	Etai..........................	1	34	7 ¼	362	1	27	6	197
					38075				20511

Tome II.　　　　　　　　　　　　　　　　　　　　　　　　　　e

Pages du Traité auxquelles les objets sont décrits.	DÉNOMINATIONS.	Pour un Vaisseau de 74 Canons.				Pour une Frégate portant du 12.			
		Nombre.	longueur en brasses.	Grosseur en pouces.	Poids en livres.	Nombre.	longueur en brasses.	Grosseur en pouces.	Poids en livres.
	D'autre part..................				38075				20511
id	Ride pour l'étai du petit mât de hune..	1	16	3	32	1	14	$2\frac{1}{4}$	22
111	Faux Etai.................	1	33	$5\frac{1}{2}$	199	1	26	$4\frac{1}{4}$	108
id.	Ride de faux étai à palan...........	1	16	$2\frac{1}{4}$	25	1	14	$2\frac{1}{4}$	16
93 à 99	Haubans..................	10	117	$4\frac{3}{4}$	546	10	95	4	318
96	Rides d'*id*...............	10	60	$2\frac{1}{4}$	78	10	40	2	36
102 & 103	Galhaubans......................	6	153	$5\frac{3}{4}$	1021	6	126	5	654
id.	Rides d'*id*...............	6	54	$2\frac{3}{4}$	85	6	48	$2\frac{1}{4}$	56
127	Pendeurs des palanquins du mât.....	2	$7\frac{1}{2}$	$4\frac{1}{4}$	35	2	4	4	13
id.	Palanquins.................	2	70	$2\frac{1}{2}$	91	2	56	$1\frac{1}{4}$	37
121 à 123	Guinderesse....................	1	80	$7\frac{1}{4}$	851	1	63	6	460

Cordages de la Vergue.

Pages	DÉNOMINATIONS.	Nombre.	longueur en brasses.	Grosseur en pouces.	Poids en livres.	Nombre.	longueur en brasses.	Grosseur en pouces.	Poids en livres.
145	Itagues doubles..................	2	48	$4\frac{3}{4}$	224	2	40	4	134
id.	Drisses..................	2	160	3	320	2	126	$2\frac{1}{2}$	164
	Fausses drisses..................	1	60	3	120	1	35	$2\frac{1}{2}$	46
166	Bras..................	2	114	3	228	2	90	$2\frac{1}{2}$	117
id.	Dormans des bras..................	2	2	3	6	....	....	....	....
158	Balancines..................	2	100	3	200	2	80	$2\frac{1}{2}$	104
153	Bâtard de racage..................	1	14	3	28	1	9	$2\frac{1}{2}$	11
137	Marche-pieds..................	2	12	3	24	2	10	3	20

Cordages de la Voile.

Pages	DÉNOMINATIONS.	Nombre.	longueur en brasses.	Grosseur en pouces.	Poids en livres.	Nombre.	longueur en brasses.	Grosseur en pouces.	Poids en livres.
203	Ecoutes..................	2	72	7	734	2	60	$5\frac{1}{4}$	401
217	Boulines..................	2	77	$3\frac{1}{4}$	170	2	76	$2\frac{1}{2}$	99
id.	Pattes d'*id*..................	2	17	$3\frac{1}{4}$	38	2	14	$2\frac{1}{4}$	22
224	Cargue-points..................	2	96	3	192	2	80	$2\frac{1}{2}$	104
229	Cargue-fonds..................	2	88	$2\frac{1}{4}$	103	2	70	2	63
230	Cargue-boulines..................	2	88	$2\frac{1}{4}$	103	2	70	2	63
219	Palanquins de ris..................	2	94	$2\frac{1}{4}$	110	2	80	$1\frac{1}{4}$	53
id.	Itagues pour *id*..................	2	11	$3\frac{1}{4}$	32	....	....	....	....
231	Saisines ou dégorgeoirs............	2	52	$2\frac{1}{4}$	61	2	42	$1\frac{1}{4}$	28

MAT DE PETIT PERROQUET.

Cordages du Mât.

Pages	DÉNOMINATIONS.	Nombre.	longueur en brasses.	Grosseur en pouces.	Poids en livres.	Nombre.	longueur en brasses.	Grosseur en pouces.	Poids en livres.
108	Etai..................	1	30	$3\frac{3}{4}$	87	1	28	3	56
id.	Ride d'*id*..................	1	9	$1\frac{3}{4}$	6	1	7	$1\frac{1}{2}$	4
93 à 99	Haubans..................	6	48	$2\frac{1}{2}$	62	6	54	2	49
					43886				23769

Pages du Traité auxquelles les objets sont décrits.	DÉNOMINATIONS.	Pour un Vaisseau de 74 Canons.				Pour une Frégate portant du 12.			
		Nombre.	longueur en brasses.	Grosseur en pouces.	Poids en livres.	Nombre.	longueur en brasses.	Grosseur en pouces.	Poids en livres.
	Ci contre....................				43886				23769
96	Rides des haubans du petit perroquet....	6	30	$1\frac{1}{2}$	16	6	30	$1\frac{1}{2}$	16
102 à 104	Galhaubans.................	4	116	$3\frac{1}{4}$	256	4	100	$2\frac{1}{4}$	158
id.	Rides d'id.................	4	28	$1\frac{1}{4}$	19	4	28	$1\frac{1}{4}$	19
	Cordages de la Vergue.								
146	Itague..................	1	9	$3\frac{1}{2}$	23	1	9	$2\frac{1}{2}$	12
id.	Drisse.................	1	61	3	122	1	52	$2\frac{1}{4}$	61
154	Bâtard de racage.............	1	5	2	5	....	....	....	....
	Marche-pieds..............	1	6	$2\frac{1}{2}$	9	1	5	$2\frac{1}{2}$	7
167	Bras.................	2	110	$1\frac{1}{4}$	73	2	80	$1\frac{1}{2}$	42
159	Balancines...............	2	44	$1\frac{1}{4}$	29	2	34	$1\frac{1}{4}$	23
	Cordages de la Voile.								
203	Ecoutes..................	2	96	3	192	2	84	$2\frac{1}{2}$	109
217	Boulines avec leurs pattes..........	2	90	$1\frac{1}{2}$	48	2	72	$1\frac{1}{2}$	38
224	Cargue-points..................	2	96	$1\frac{1}{4}$	64	2	74	$1\frac{1}{4}$	49

MAT DE BEAUPRÉ.

Pages du Traité	DÉNOMINATIONS.	Nombre.	longueur en brasses.	Grosseur en pouces.	Poids en livres.	Nombre.	longueur en brasses.	Grosseur en pouces.	Poids en livres.
	Cordages du Mât.								
112	Liûres de Beaupré.............	2	150	$7\frac{1}{4}$	1650	1	78	$4\frac{1}{4}$	293
113	Sous-barbe simple.............	1	22	7	224	1	12	6	86
id.	Ride pour *id*...........	1	12	3	24	1	10	$2\frac{3}{4}$	16
101	Haubans du minois.............	2	70	$2\frac{1}{2}$	91	2	35	2	35
115	Garde-corps du beaupré...........	1	18	3	36	2	14	$2\frac{1}{2}$	17
	Cordages de la vergue de Civadiere.								
148	Palan de bout..............	1	39	3	78	1	32	2	29
170	Bras.................	2	98	$2\frac{1}{4}$	115	2	80	2	72
161	Balancines...............	2	76	$2\frac{1}{4}$	89	2	60	2	54
140 & 162	Moustaches, les deux côtés........	2	10	3	20	2	9	2	9
141	Marche-pieds.............	2	11	3	22	2	10	$2\frac{1}{2}$	12
	Cordages de la voile de Civadiere.								
204	Ecoutes.................	2	74	3	148	2	60	$2\frac{1}{2}$	78
224	Cargue-points..................	2	60	2	51	2	52	2	47
					47290				25051

		Pour un Vaisseau de 74 Canons.				Pour une Frégate portant du 12.			
Pages du Traité auxquelles les objets font décrits.	DÉNOMINATIONS.	Nombre.	longueur en braffes.	Groffeur en pouces	Poids en livres.	Nombre.	longueur en braffes.	Groffeur en pouces.	Poids en livres.
	D'autre part.................				47290				25051
229	Cargue-fonds.................	2	44	1¼	29	2	32	1½	17
	Contre-Civadière.								
	Cordages de la Vergue.								
141	Palan de bout.:..............	1	34	2¼	40	1	27	1¾	18
171	Bras	2	68	1¾	45	2	58	1½	31
162	Balancines	2	52	1¾	35	2	36	1½	19
	Cordages de la Voile.								
225	Cargues....................	2	50	1½	27	2	48	1¼	19
	Manœuvres des Focs.								
	Itague du grand foc..............	1	30	4½	126	1	26	3¾	73
196	Driffe d'*id*.................	1	50	2¼	59	1	40	1¾	27
207	Ecoute d'*id*................	1	36	4½	135	1	30	3½	76
212	Amures d'*id*...............	1	18	3¾	40	1	14	2¾	22
	Itague du faux foc.............	1	25	4¼	93	1	20	3½	51
197	Driffe d'*id*.................	1	45	2¼	53	1	36	1¾	24
207	Ecoute d'*id*................	1	34	4	114	1	25	3¼	55
196	Driffe du petit foc.............	1	36	3¼	80	1	28	2½	36
212	Amures d'*id*...............	1	16	3	32	1	7	2½	9
207	Ecoute d'*id*................	1	36	3½	92	1	28	3¼	62
237	Calebas....................	3	60	1½	32	3	50	1¼	20
	VOILES D'ÉTAI.								
195	Driffe de la voile d'étai d'artimon	1	33	2¼	39	1	26	1¾	17
194	——de la grande voile d'étai........	1	45	3	90	1	34	2½	44
id.	——de la voile d'étai du grand hunier...	1	54	3	108	1	42	2¼	49
195	——de la fauffe ou contre voile *id*.....	1	54	3	108	1	42	2¼	49
id.	——de celle de grand perroquet......	1	44	1¾	29	1	35	1½	19
196	——de celle de perroquet de fougue...	1	36	1¾	24	1	28	1¾	15
205	Ecoutes de la voile d'étai d'artimon...	1	9	2¼	11	1	7	1¾	5
id.	——de la grande voile d'étai........	1	14	3¾	31	1	11	2¾	17
206	——de la voile d'étai de grand hunier.	1	35	3	70	1	28	2¼	33
id.	——de la contre-voile , *id*...........	1	35	3	70	1	28	2¼	33
id.	——de la voile d'étai de grand perroquet	1	18	1¾	12	1	16	1½	9
205	——de celle du perroquet de fougue...	1	18	1¾	12	1	15	1½	8
211	Amure de la voile d'étai d'artimon.....	1	9	2¼	11	1	7	1¾	5
					48937				25913

Pages du Traité auxquelles les objets sont décrits.	DÉNOMINATIONS.	Pour un Vaisseau de 74 Canons.				Pour une Frégate portant du 12.			
		Nombre.	longueur en brasses.	Grosseur en pouces.	Poids en livres.	Nombre.	longueur en brasses.	Grosseur en pouces.	Poids en livres.
	Ci contre				48937				25913
211	Amure de la grande voile d'étai	1	9	3¼	20	1	7	2¼	8
id.	——de la voile d'étai de grand hunier ..	1	13	2¼	20	1	11	2¼	13
id.	——de la contre-voile, id.	1	13	2¼	20	1	11	2¼	13
id.	——de la voile d'étai de grand perroquet.	1	13	2¼	15	1	11	1¾	7
212	——de celle du perroquet de fougue ...	1	9	2¼	11	1	7	1¾	5

BONNETTES.

Bonnettes basses.

Pages	DÉNOMINATIONS.	Nbre.	long.	Gros.	Poids	Nbre.	long.	Gros.	Poids
197	Driffes des bonnettes de grande vergue ..	6	246	3	492	4	128	2¼	150
id.	——————de misaine	6	210	2¼	331	4	108	2¼	150
207	Ecoutes ———————de grande vergue ..	2	44	3	88	2	34	2¼	40
id.	——————de misaine	2	34	2¼	54	2	28	2¼	33
	Boulines————de grande vergue ..	2	44	1½	23	2	34	1¼	14
	——————de misaine	2	34	1½	18	2	28	1¼	11
	Balancines d'arboutans	4	80	3	160	4	70	2¼	82
212 & 213	Amures des bonnettes de grande vergue.	2	106	3	212	2	84	2¼	98
id.	——de celles de misaine	2	96	2¼	151	2	76	2¼	89

Bonnettes hautes

Pages	DÉNOMINATIONS.	Nbre.	long.	Gros.	Poids	Nbre.	long.	Gros.	Poids
198	Driffes des bonnettes de grand hunier ...	4	224	3	448	2	88	2½	114
id.	id. de celles de petit hunier	4	204	2¼	321	2	80	2¼	94
207	Ecoutes de celles du grand hunier	2	28	3	56	2	20	2½	26
208	id. ——de celles du petit hunier	2	24	2¼	38	2	16	2¼	19
213	Amures, *id.* du grand *id*	2	62	3	124	2	48	2¼	56
id.	*id. id.* du petit *id*	2	58	2¾	91	2	44	2¼	52
	Boulines *id.* du grand *id*	2	70	1½	37	2	56	1¼	22
	id. id. du petit *id*	2	70	1½	37	2	50	1¼	20

Bonnettes de Perroquet.

Pages	DÉNOMINATIONS.	Nbre.	long.	Gros.	Poids	Nbre.	long.	Gros.	Poids
199	Driffes	4	170	1½	91	4	160	1½	85
208	Ecoutes	4 {	100	1½	53	4 {	92	1¼	37
214	Amures	4 {				4 {			

Bonnettes du Perroquet de fougue.

Pages	DÉNOMINATIONS.	Nbre.	long.	Gros.	Poids	Nbre.	long.	Gros.	Poids
	Driffes	2	60	1¾	40	2	50	1¼	33
	Ecoutes	2	9	1¾	6	2	7	1¼	5
	Amures	2	70	2	63	....	....	....	....
					51957				27166

Pages du Traité auxquelles les objets sont décrits.	DÉNOMINATIONS.	Pour un Vaisseau de 74 Canons.				Pour une Frégate portant du 12.			
		Nombre.	longueur en brasses.	Grosseur en pouces.	Poids en livres.	Nombre.	longueur en brasses.	Grosseur en pouces	Poids en livres.
	D'autre part..............				51957				27166
	AUTRES MANŒUVRES.								
241	Sauve-garde.................	1	18	6½	156	1	15	5	78
	Petites *id.* à chaînes................	2	18	4½	76	2	14	3¾	41
	Palans à fouët.................	18	360	3	720	16	272	2½	354
	——à crocs.................	18	324	2¼	510	16	256	2¼	300
	——de chaloupes.................	2	80	3¾	177	2	66	2¼	86
	——de bout de vergues.................	4	160	3¾	354	4	140	2¼	182
	——d'amure.................	2	70	2¾	110	2	56	2¼	66
129	Suspente ou maroquin.................	1	44	9¼	747	1	35	7½	406
id.	Garant pour *id*.................	1	75	4¼	350	1	59	3½	171
343	Galhaubans volans.................	4	104	6	746	4	88	4¼	411
	Traversin ou chatte.................	1	24	6½	208	1	15	5¼	86
	Palan de roulis.................	4	192	3	384	4	146	2½	190
	Itagues pour *id*.................	4	60	4½	252	4	32	3¾	93
	Palans de dimanche.................	6	90	1¼	60	....	....	....	......
	Aiguillettes de bosses.................	10	80	2	72	10	56	1½	30
	——de tourne-vire.................	2	24	3¾	70	2	18	3¾	40
	——de grelins.................	4	40	3½	101	4	31	3	62
	Cordages pour l'étalingûre des cables..		140	2	126		120	1½	64
	Garniture de bouées.................		45	2¼	70		28	2¼	33
	Pour *id.* quaranteniers de 9 fils........		250	1¼	100		160	1¼	64
	Grands faux-bras.................	2	96	3½	244	2	78	2¼	123
	Faux-bras de misaine.................	2	96	3½	244	2	78	2¼	123
	————du grand hunier..........	2	100	3¼	221	2	86	2¼	135
	————du petit hunier..........	2	100	3¼	221	2	86	1¼	135
	Grandes fausses cargues.....	2	80	3	160	2	66	2½	86
	Fausses cargues de misaine.........	2	76	3	152	2	64	2½	83
	Pataras, ou faux haubans doubles.....	4	112	9¼	1900	4	96	7¼	1184
144	Suspentes de grande vergue........	1	26	7½	302	1	22	6	158
id.	——de misaine.................	1	24	7½	278	1	20	5¼	134
	——d'artimon.................	1	14	5	73	1	11	4¼	41
272	Braguet du grand mât de hune........	1	30	6	215	1	24	5¼	138
id.	——du petit mât de hune...........	1	28	5¼	187	1	22	5	114
	Etai de tangage.................	1	17	8¼	262	1	14	7½	162
	Ride pour *id*.................	1	16	3¼	46	1	10	2½	16
	Caliornes de braguet.................	2	80	3	160	2	60	2¼	70
	Fausses écoutes.................	2	100	6	730	2	88	4¼	367
	Fausses amures.................	2	56	8	738	2	50	6	359
	Fausses balancines.................	4	148	3	296	4	120	2½	156
	Palans pour *id*.................	4	70	2	63	4	56	1¼	37
					63838				33544

Pages du traité auxquelles les objets sont décrits.	DÉNOMINATIONS.	Pour un Vaisseau de 74 Canons.				Pour une Frégate portant du 12.			
		Nombre.	longueur en brasses.	Grosseur en pouces.	Poids en livres.	Nombre.	longueur en brasses.	Grosseur en pouces.	Poids en livres.
166	*Ci contre*..................				63838				33544
	CORDAGES DES ANCRES.								
295 à 298	Cables du premier brin............	4	480	20½	37234	4	480	16	22232
	id. — du second brin.............	1	120	20½	9331	1	120	16	5558
	id. — id.....................	1	120	18½	7641	1	120	15	4843
	Grelins..................	2	240	10	4572	2	240	7½	2584
	id......................	2	240	9½	4174	2	240	7	2286
302	Bosses debout.............	2	34	8½	498	2	24	7¼	263
300	Orins de grandes ancres...........	3	100	8½	1424	3	100	6½	850
id.	——d'ancres à touer...........	2	50	6	366	2	50	5	243
301	Garants de capon..............	2	106	4¾	495	2	84	3¾	244
303	Serre-bosses..............	8	90	7	917	8	80	6¼	632
327	Tourne-vire..............	1	58	10	1278	1	50	8	625
	RECHANGE.								
	Grandes drisses à l'Angloise........	2	150	5	779	2	124	3¾	360
	Drisses de misaine.............	2	140	4¼	653	2	116	3½	295
	Grandes écoutes..............	2	100	6	730	2	88	4¼	367
	Écoutes de misaine.............	2	96	5½	579	2	85	4½	337
	Grands écouets ou amures à bressin....	2	98	4¾	457	2	80	3¾	232
	Amures de misaine.............	2	90	4½	378	2	70	3½	178
	Guinderesses du grand mât de hune....	1	84	7¾	999	1	66	6½	522
	——du petit id.............	1	80	7¼	851	1	63	6	460
	Écoutes du grand mât de hune......	2	80	7½	928	2	64	6¼	526
	——du petit id.............	2	72	7	734	2	60	5¾	401
	Itagues de hune..............	4	98	5	509	4	84	4¼	314
	Tourne-vire................	1	58	10	1278	1	50	8	625
	Pièces de cordage.............	1	120	6	861	.....	.....	.....	.....
	id........................	1	120	5½	757	.....	.....	.....	.....
	id........................	1	120	5	623	1	120	5	623
	id........................	2	220	4½	924	1	110	4½	462
	id........................	2	200	4	670	2	200	4	620
	id........................	4	360	3½	916	3	270	3½	687
	id........................	4	320	3	640	3	240	3	480
	id........................	5	350	2½	455	3	210	2½	273
	id........................	5	350	2	315	4	280	2	252
	Pièces de quaranteniers de 15 fils.....	5	300	1¼	200	4	240	1¼	160
	id — id. de 12 id.............	6	360	1½	192	5	300	1½	160
	id. — id. de 9 id.............	6	300	1¼	120	5	250	1¼	100
	id — id. de 6 fils.............	8	400	1	100	5	250	1	65
					147510				82433

Pages du Traité auxquelles les objets sont décrits.	DÉNOMINATIONS.	Pour un Vaisseau de 74 Canons.				Pour une Frégate portant du 12.			
		Nombre.	longueur en brasses.	Grosseur en pouces.	Poids en livres.	Nombre.	longueur en brasses.	Grosseur en pouces.	Poids en livres.
	D'autre part...............				147510				82433
	Lignes d'amarrages de 6 fils..........	36	1440	.....	180	24	960	.....	120
	Merlin & luzin...................	40	....	.....	40	26	....	.....	26
	Bittord........................	500	....	.....	500	300	....	.....	300
	Vieux cables pour garcettes.........	....	....	.....	13800	....	....	.....	7000
	Cordages pour garnitures de vergues, eſtrops de poulies, bâtards de racages, eſtrops de ſuſpentes, des pataras, pendeurs des bras, marche-pieds, étriers, haubans des minois, mouſtaches, itagues des palanquins de ris, &c..				2841	....	....	.....	1631
	Cordages pour aiguillettes des poulies, amarrages des étais, · & faux étais & de leurs colliers, des haubans & galhaubans & leurs enflêchures, cargues & étais de tentes, droſſes & fauſſes droſſes, garnitures de poulies, branches de martinet : pour les pompes & garniture, pour la ceinture ; lignes, merlin, & bittord pour les cadres, pour les pavois & lignes de fonds, cablots, remorques ; ceintures & eſtrops des chaloupes & canots, leurs gréements, pour les amarrages des poulies, taquets, quenouillettes, &c. pour fourrures, bittord pour filets de baſtingage & caſſe-têtes, pour eſtrops, fourrure & amarrage des bouées, emboudinure des ancres, &c., &c......................				5040	....	....	.....	3595
	Poids total du gréement & rechange en cordages.....				169911				95105

IVe. ÉTAT

*Des proportions & poids des Cordages, Cables, Grelins & Rechange,
qui entrent dans le Gréement & Armement d'un BRIGANTIN
de 16 à 18 Canons.*

	Nombre.	longueur en brasses.	Grosseur en pouces.	Poids en livres.
Driffe de pavillon............................	1	30	1	6
GRAND MAT.				
Cordages du Mât.				
Etai.....................................	1	18	$8\frac{1}{2}$	256
Collier..................................	1	10	7	97
Faux étai................................	1	16	$5\frac{1}{2}$	101
Faux collier.............................	1	10	$5\frac{1}{2}$	60
Ride de l'étai...........................	1	24	$2\frac{1}{4}$	38
Ride du faux étai........................	1	8	$2\frac{1}{4}$	9
Haubans..................................	12	126	$5\frac{1}{2}$	795
Rides de haubans........................	12	96	$2\frac{1}{4}$	151
Pendeurs, longueur pour deux............	2	14	$5\frac{1}{2}$	88
Garans de caliornes.....................	2	80	$2\frac{1}{2}$	126
Palans de mât doubles en bas............	2	75	$1\frac{1}{4}$	50
Suspentes des palans d'étai.............	2	15	$4\frac{1}{4}$	56
Garans pour *id*........................	2	68	2	61
Guis d'*idem*...........................	2	48	$1\frac{1}{2}$	32
Bredindin...............................	1	29	$1\frac{1}{4}$	19
Trelingage..............................	1	35	$1\frac{1}{4}$	23
Gambes..................................	6	27	2	24
Itagues de palans de charge.............	2	19	2	75.
Palans de charge........................	2	48	2	75
Cordages des Vergues.				
Itague de la corne......................	1	13	4	44
Driffe de la corne......................	1	60	2	54
Driffe du pic...........................	1	33	2	30
Balancine du pic........................	1	50	4	168
Caliorne du pic.........................	1	30	2	27
Pendeur de retenue du gui..............	1	16	4	54
Palans pour *idem*.....................	1	20	2	18
Caliornes de retenue...................	2	90	$2\frac{1}{2}$	117
Ecoute de la baume.....................	1	30	3	60
Halebas du pic.........................	2	30	2	27
				2741

Suite du Brigantin.	Nombre.	longueur en braffes.	Groffeur en pouces.	Poids en livres.
D'autre part........................				2741
Bras de la voile de fortune....................	2	60	$1\frac{1}{2}$	32
Driffes *idem*................................	2	60	$1\frac{1}{2}$	32

GRAND MAT DE HUNE.

Cordages du Mât.

	Nombre.	longueur en braffes.	Groffeur en pouces.	Poids en livres.
Etai..	1	19	$4\frac{1}{2}$	80
Rides à palan................................	1	10	$1\frac{1}{4}$	7
Faux étai....................................	1	18	$2\frac{3}{4}$	28
Ride pour *idem*.............................	1	5	$1\frac{1}{4}$	3
Haubans......................................	6	39	3	78
Galhaubans...................................	4	64	$3\frac{1}{2}$	163
Pendeurs.....................................	2	3	3	6
Rides de haubans.............................	6	24	$1\frac{1}{2}$	13
——de galhaubans............................	4	32	$1\frac{1}{4}$	21
Palans de mât................................	2	42	$1\frac{1}{2}$	22
Guindereffe à un clan & à un trou............	1	36	$4\frac{1}{2}$	142

Cordages de la Vergue

	Nombre.	longueur en braffes.	Groffeur en pouces.	Poids en livres.
Itague double................................	1	15	3	30
Driffes......................................	2	50	$1\frac{1}{2}$	33
Fauffes driffes..............................	1	24	$1\frac{1}{4}$	16

Cordages de la Voile.

	Nombre.	longueur en braffes.	Groffeur en pouces.	Poids en livres.
Ecoutes......................................	2	40	4	134
Bras..	2	60	$1\frac{1}{4}$	40
Balancines...................................	2	60	$1\frac{1}{4}$	40
Cargue-points................................	2	60	$1\frac{1}{4}$	40
Cargue-fonds.................................	2	48	$1\frac{1}{4}$	26
Cargue-boulines..............................	2	48	$1\frac{1}{4}$	26
Boulines.....................................	2	42	$1\frac{1}{4}$	28
Pattes.......................................	2	8	$1\frac{1}{4}$	5
Palanquins de ris............................	2	48	$1\frac{1}{2}$	26
Dégorgeoirs..................................	2	28	$1\frac{1}{4}$	11

MAT DE GRAND PERROQUET.

Cordages du Mât.

	Nombre.	longueur en braffes.	Groffeur en pouces.	Poids en livres.
Etai..	1	17	$2\frac{1}{4}$	20
Ride pour *idem*............................	1	5	$1\frac{1}{2}$	3
Haubans.....................................	4	22	$1\frac{1}{2}$	12
Galhaubans..................................	2	36	2	32
Rides de haubans............................	4	20	1	5
——de galhaubans...........................	2	12	$1\frac{1}{4}$	5
				3900

Suite du Brigantin.	Nom-bre.	longueur en braſ-ſes.	Groſ-ſeur en pouces.	Poids en livres.
Ci contre............................				3900
Cordages de la Vergue.				
Itague............................	1	5	2	5
Driſſe............................	1	36	$1\frac{1}{4}$	24
Bras............................	2	54	$1\frac{1}{4}$	22
Balancines............................	2	24	$1\frac{1}{4}$	10
Cordages de la Voile.				
Cargue-points............................	2	50	$1\frac{1}{4}$	20
Ecoutes............................	2	58	$1\frac{1}{4}$	39
Boulines avec leurs pattes............	2	48	1	13

MAT DE MISAINE.

Cordages du Mât.

	Nom-bre.	longueur en braſſes.	Groſſeur en pouces.	Poids en livres.
Etai............................	1	14	$7\frac{1}{4}$	167
Amures à breſſin............................	2	52	$2\frac{1}{4}$	61
Collier............................	1	4	$7\frac{1}{4}$	48
Faux Collier............................	1	4	5	19
Faux étai............................	1	14	5	68
Ride de l'étai............................	1	19	$2\frac{1}{4}$	30
id. —du faux étai............................	1	7	$2\frac{1}{4}$	8
Haubans............................	10	95	5	493.
Rides de Haubans............................	10	90	$2\frac{1}{2}$	117
Pendeurs, longueur pour deux............	4	7	5	36
Garans de caliornes............................	2	78	$2\frac{1}{2}$	101
——de candelettes............	2	78	$2\frac{1}{4}$	91
Trélingage............................	1	30	$1\frac{1}{4}$	20
Gambes............................	6	24	2	22
Araignée............................	1	40	$1\frac{1}{4}$	16
Marche-pieds............................	2	16	$2\frac{1}{2}$	13

Cordages de la Vergue.

	Nom-bre.	longueur en braſſes.	Groſſeur en pouces.	Poids en livres.
Racage à droſſe............................	1	5	4	15
Garans pour *idem*............................	2	40	$1\frac{1}{4}$	16
Driſſe à caliorne............................	2	82	$2\frac{1}{2}$	107
Bras............................	2	64	2	58
Pendeurs............................	2	2	2	2
Balancines doubles............................	2	64	2	58

Cordages de la Voile.

	Nom-bre.	longueur en braſſes.	Groſſeur en pouces.	Poids en livres.
Cargue-points............................	2	50	2	45
Cargue-fonds............................	2	42	$1\frac{1}{2}$	22
Cargue-boulines............................	2	42	$1\frac{1}{2}$	22
				5688

Suite du Brigantin.	Nombre.	longueur en brasses.	Grosseur en pouces	Poids en livres.
D'autre part.....................				5688
Boulines..........................	2	37	$2\frac{1}{4}$	43
Pattes de deux bords..............	2	5	$2\frac{1}{4}$	6
Ecoutes...........................	2	52	$3\frac{1}{4}$	115

PETIT MAT DE HUNE.

Cordages du Mât.

	Nombre.	longueur en brasses.	Grosseur en pouces	Poids en livres.
Etai..............................	1	21	$4\frac{1}{2}$	83
Ride pour *id*....................	1	9	$1\frac{3}{4}$	6
Faux étai.........................	1	20	$2\frac{1}{2}$	23
Haubans...........................	6	36	$2\frac{3}{4}$	57
Galhaubans........................	4	56	4	188
Rides de haubans..................	6	24	$1\frac{1}{2}$	13
——de galhaubans..................	4	32	$1\frac{3}{4}$	21
Pendeurs..........................	2	3	$2\frac{3}{4}$	5
Palans de mat.....................	2	39	$1\frac{1}{2}$	21
Guinderesse à un clan & à un trou.	1	34	4	114

Cordages de la Vergue.

	Nombre.	longueur en brasses.	Grosseur en pouces	Poids en livres.
Itague double.....................	1	14	3	28
Drisse............................	1	49	$1\frac{3}{4}$	33
Fausse drisse.....................	1	24	$1\frac{3}{4}$	16
Bras..............................	2	58	$1\frac{3}{4}$	39
Balancines........................	2	54	$1\frac{3}{4}$	36

Cordages de la Voile.

	Nombre.	longueur en brasses.	Grosseur en pouces	Poids en livres.
Ecoutes...........................	2	44	$3\frac{3}{4}$	128
Cargue points.....................	2	54	$1\frac{3}{4}$	36
Cargue fonds......................	2	50	$1\frac{1}{2}$	27
Cargue boulines...................	2	50	$1\frac{1}{2}$	27
Boulines..........................	2	48	2	43
Pattes............................	2	10	2	9
Palanquins de ris.................	2	50	$1\frac{1}{2}$	27
Dégorgeoirs.......................	2	32	$1\frac{1}{4}$	13

MAT DE PETIT PERROQUET.

Cordages du Mât.

	Nombre.	longueur en brasses.	Grosseur en pouces	Poids en livres.
Etai..............................	1	19	2	17
Ride d'étai.......................	1	5	$1\frac{1}{4}$	2
Haubans...........................	4	46	$1\frac{1}{2}$	14
Galhaubans........................	2	34	2	31
Rides de haubans..................	4	16	1	4
——de galhaubans..................	2	12	$1\frac{1}{2}$	6

| | | | | 6919 |

Suite du Brigantin.	Nombre.	longueur en brasses.	Grosseur en pouces	Poids en livres.
Ci contre..................................				6919
Cordages de la Vergue.				
Itague..	1	6	2	5
Driffe double.................................	1	38	$1\frac{1}{4}$	25
Bras..	2	60	1	16
Balancines....................................	2	28	1	7
Cordages de la Voile.				
Cargue points.................................	2	50	1	13
Ecoutes.......................................	2	60	$1\frac{1}{4}$	40
Boulines avec leurs pattes....................	2	56	1	15

BEAUPRÉ.

Cordages du Mât.

	Nombre.	longueur en brasses.	Grosseur en pouces	Poids en livres.
Sous-barbe fimple	1	9	4	30
Ride pour *id*	1	$7\frac{1}{2}$	$7\frac{1}{2}$	2
Cordages de la Vergue.				
Palan de bout.................................	1	23	$1\frac{3}{4}$	15
Balancines....................................	2	42	$1\frac{1}{4}$	17
Bras...	2	54	$1\frac{1}{4}$	22
Cordages de la Voile.				
Ecoutes.......................................	2	42	$1\frac{1}{2}$	22
Cargue-points.................................	2	32	1	8
Cargue-fonds..................................	2	22	1	6
Contre-Civadière.				
Palan de bout.................................	1	19	$1\frac{1}{4}$	8
Bras...	2	50	1	13
Balancines....................................	2	20	1	5
Cargues......................................	2	34	1	9

FOCS.

	Nombre.	longueur en brasses.	Grosseur en pouces	Poids en livres.
Itague du grand foc...........................	1	17	$2\frac{1}{4}$	27
Driffe d'*idem*	1	28	$1\frac{1}{4}$	11
Ecoutes *id*..................................	1	21	$2\frac{1}{2}$	27
Amures..	1	9	2	8
Driffe du petit foc...........................	1	20	$1\frac{1}{4}$	13
Amure d'*id*..................................	1	4	$1\frac{3}{4}$	3
Ecoute d'*id*.................................	1	19	2	17
				7308

Suite du Brigantin.	Nombre.	longueur en brasses.	Grosseur en pouces.	Poids en livres.
D'autre part..................................				7308
Haubans.....................................	2	46	$1\frac{1}{4}$	18
Calebas.....................................	2	28	1	7
Voiles d'Etai.				
Driffes de grande voile d'étai...............	1	25	$1\frac{3}{4}$	17
———de voile d'étai de grand hunier..........	1	29	$1\frac{1}{2}$	15
———de contre-voile d'étai, *id*.............	1	29	$1\frac{1}{2}$	15
———*idem* de grand perroquet...............	1	24	1	6
Ecoutes de grande voile d'étai...............	1	7	$1\frac{3}{4}$	5
———de voile d'étai de grand hunier..........	1	19	$1\frac{1}{2}$	10
———de contre-voile *id*....................	1	19	$1\frac{1}{2}$	10
———de voile d'étai de grand perroquet.......	1	12	1	3
Amures de grande voile d'étai................	1	5	$1\frac{1}{4}$	3
———de voile d'étai de grand hunier..........	1	$7\frac{1}{2}$	$1\frac{1}{4}$	5
———de contre-voile d'étai *id*.............	1	$7\frac{1}{2}$	$1\frac{1}{4}$	5
———de voile d'étai de grand perroquet.......	1	$7\frac{1}{2}$	$1\frac{1}{2}$	4
Bonnettes basses.				
Driffes des bonnettes de misaine.............	4	80	$1\frac{1}{2}$	43
Ecoutes *id*................................	2	20	$1\frac{1}{2}$	11
Boulines *id*...............................	2	20	1	5
Balancines d'arcboutans.....................	2	27	$1\frac{1}{4}$	18
Amures des bonnettes de misaine.............	2	50	$1\frac{1}{2}$	27
Bonnettes hautes.				
Driffes des bonnettes de grand hunier........	2	60	$1\frac{3}{4}$	40
———du petit hunier.........................	2	56	$1\frac{3}{4}$	37
Ecoutes des bonnettes de grand hunier........	2	14	$1\frac{3}{4}$	9
———de petit hunier.........................	2	12	$1\frac{3}{4}$	8
Amures des bonnettes de grand hunier.........	2	34	$1\frac{1}{4}$	23
———de petit hunier.........................	2	32	$1\frac{1}{4}$	21
Boulines des bonnettes de grand hunier.......	2	30	1	8
———de petit hunier.........................	2	28	1	7

AUTRES MANŒUVRES.

	Nombre.	longueur en brasses.	Grosseur en pouces.	Poids en livres.
Sauve-garde.................................	1	11	$3\frac{1}{4}$	32
id. petites à chaînes........................	2	8	$2\frac{1}{2}$	13
Palans à fouet..............................	12	144	$1\frac{3}{4}$	96
———à croc.................................	12	132	$1\frac{3}{4}$	88
———de chaloupes...........................	2	48	$1\frac{1}{4}$	32
———d'amure................................	2	50	$1\frac{1}{4}$	33
Galhaubans volans...........................	4	60	$3\frac{1}{2}$	153
Traversin ou chatte.........................	1	10	4	33
Aiguillettes de bosses.......................	10	50	1	13
				8181

Suite du Brigantin.

	Nombre.	longueur en brasses.	Grosseur en pouces.	Poids en livres.
Ci contre...........................				8181
Cordages pour l'étalingure des cables..................	.....	70	1	18
Faux bras de misaine.................	2	52	2	47
————du grand hunier.............	2	53	$1\frac{1}{4}$	39
————du petit hunier.............	2	52	$1\frac{1}{4}$	35
Fausses cargues de misaine.............	2	38	$1\frac{1}{2}$	20
Palans ou faux haubans doubles..............	4	76	5	395
Fausse écoute.................	1	26	$3\frac{1}{4}$	57
Fausse amure.................	1	17	$4\frac{1}{2}$	64
Palans de fausse balancine.................	1	50	4	168

Cordages des Ancres.

	Nombre.	longueur en brasses.	Grosseur en pouces.	Poids en livres.
Cables du premier brin.................	3	360	$11\frac{1}{2}$	8646
id. du second brin.................	1	120	$11\frac{1}{2}$	2882
id...................................	1	120	$10\frac{1}{2}$	2484
Grelin.................	1	120	$5\frac{1}{2}$	745
id...................................	1	120	5	673
Bosses de bout.................	2	18	5	93
Orins de grandes ancres.................	3	100	$5\frac{1}{2}$	602
id. d'ancres à touer.................	2	50	$3\frac{1}{4}$	145
Garants de capon.................	2	50	$2\frac{1}{2}$	79
Serre-bosses.................	5	40	$4\frac{1}{4}$	187
Tourne-vire.................	1	35	6	256

RECHANGE.

	Nombre.	longueur en brasses.	Grosseur en pouces.	Poids en livres.
Drisses de misaine.................	2	82	$2\frac{1}{2}$	107
Ecoutes, id.................	2	52	$3\frac{1}{4}$	115
Amures, id.................	2	52	$2\frac{1}{4}$	61
Guindresse du grand mât de hune.............	1	36	$4\frac{1}{2}$	142
id.—du petit mât de hune.............	1	34	4	114
Ecoutes du grand mât de hune.............	2	40	4	134
id.—du petit.................	2	44	$3\frac{3}{4}$	128
Itagues de hune.................	2	29	3	58
Pièces de cordage de rechange.................	1	100	4	335
idem.................	2	180	$3\frac{1}{2}$	458
idem.................	2	160	3	320
idem.................	2	140	$2\frac{1}{2}$	182
idem.................	2	140	2	126
Quaranteniers de 15 fils.................	2	120	$1\frac{1}{4}$	80
idem de 12.................	3	180	$1\frac{1}{2}$	96
idem de 9.................	3	150	$1\frac{1}{4}$	60
idem.................	3	150	1	39
Lignes d'amarrage de 6 fils.................	14	560	......	70
Merlin & luzin.................	16	......	......	16
Bittord.................	150	......	......	150
Vieux cables pour garcettes.................	.....	......	......	3000
				31607

	Poids en livres.
Suite du Brigantin.	
D'autre part..	31607
Cordages pour garnitures de vergues, estrops de poulies, bâtards de racages, estrops de suspentes, de pataras, pendeurs de bras, marche-pieds, étriers, haubans des minois, mouftaches, itagues des palanquins de ris, &c.	742½
Cordages pour aiguillettes de poulies, amarrage des étais, faux étais, & leurs colliers, haubans, galhaubans, cargues & étais des tentes, drosses, fausses drosses, palans de drosses, garnitures de poulies, pour les pompes & garniture, cordage pour la ceinture, ligne, merlin & bittord pour les cadres, merlin pour les pavois & lignes de sonde, cablots, remorques, ceinture & estrops des chaloupe & canots, leur gréement, bittord, quaranteniers, ligne, merlin pour les amarrages de poulies, taquets, quenouillettes & gambes, pour fourrures, bittord pour filets de baftingage & casse-têtes, cordages pour estrops, fourrures & amarrages des bouées, pour les emboudinures des ancres, enflêchures des haubans, haut & bas, &c.......................	1780½
Total du poids des **Cordages** d'un Brigantin......................	34130

Vᵉ. ÉTAT

Des proportions & poids des Cordages, & rechange qui entrent dans le Gréement & Armement d'un CUTTER de 14 à 16 Canons.

	Nombre.	longueur en brasses.	Grosseur en pouces.	Poids en livres.
Drisses de Pavillon........................	1	30	1	6

GRAND MAT.

Cordages du Mât.

	Nombre.	longueur en brasses.	Grosseur en pouces.	Poids en livres.
Etai..	1	$12\frac{1}{2}$	$10\frac{1}{2}$	299
Faux étai...................................	1	12	6	86
Ride de l'étai..............................	1	18	3	36
id. du faux étai...........................	1	8	$2\frac{1}{4}$	9
Haubans....................................	8	85	$8\frac{1}{2}$	1245
Rides pour *id.*.............................	8	64	4	214
Pendeurs, longueur pour deux................	2	5	7	51
Itagues de la corne........................	1	$12\frac{1}{2}$	$4\frac{1}{2}$	53
Drisse de la corne.........................	1	40	3	80
id. du pic.................................	1	40	$2\frac{1}{4}$	47
Balancines du pic..........................	2	50	$4\frac{1}{2}$	210
Caliorne du pic............................	2	70	2	63
Pendeur de retenue du gui..................	1	10	$6\frac{1}{2}$	87
Palans pour *id.*...........................	1	16	2	14
Caliornes de retenue.......................	2	80	2	72
Halebas de la grande voile.................	2	30	2	27
Ecoute du gui, ou de la baume..............	1	40	3	80
Itague du pic..............................	1	12	$4\frac{1}{2}$	50
Halebas du pic.............................	2	30	2	27
Draille de la voile de fortune.............	1	11	$5\frac{1}{2}$	63
Drisse pour *id.*...........................	1	44	$2\frac{1}{4}$	52
Bras de la voile de fortune................	2	40	$1\frac{1}{4}$	27
Drisse *id.*................................	2	40	$2\frac{1}{4}$	36
Ecoutes *id.*...............................	2	32	$2\frac{1}{4}$	42
Itagues de palans de charge................	2	19	$4\frac{1}{2}$	80
Palans de charge...........................	2	48	$2\frac{1}{4}$	76

GRAND MAT DE HUNE.

	Nombre.	longueur en brasses.	Grosseur en pouces.	Poids en livres.
Drisse.....................................	1	50	3	100
Ecoutes....................................	2	44	$3\frac{1}{4}$	128
Bras......................................	2	60	2	54
				3414

Suite du Cutter.	Nombre.	Longueur en brasses.	Grosseur en pouces.	Poids en livres.
D'autre part................................				3414
Balancines...............................	2	60	2	54
Cargue-points...........................	2	60	$1\frac{1}{4}$	40
Boulines.................................	2	50	$1\frac{1}{4}$	33
Pattes...................................	2	8	$1\frac{1}{4}$	5
MAT DE GRAND PERROQUET.				
Drisse.....................................	1	40	3	80
BEAUPRÉ.				
Sous-barbe simple........................	1	9	4	30
Ride pour id.............................	1	7	2	6
FOCS.				
Drisse....................................	1	70	$3\frac{1}{2}$	203
Ecoute, pendeurs.........................	2	30	$4\frac{1}{2}$	126
Garans pour id...........................	2	30	3	60
Amure pour id............................	1	25	8	330
Drisse du petit foc......................	1	40	$2\frac{1}{2}$	51
Itague d'id..............................	1	40	$4\frac{1}{2}$	168
Ecoute...................................	1	25	$4\frac{1}{2}$	105
Amure....................................	1	6	2	6
Calebas..................................	1	35	$2\frac{1}{2}$	41
VOILE D'ETAI.				
Drisse de grande voile d'étai............	1	80	$2\frac{1}{4}$	126
Ecoute id................................	1	12	3	24
AUTRES MANŒUVRES.				
Sauve-garde..............................	1	10	$3\frac{1}{4}$	29
Pattes id. à chaîne......................	2	8	$2\frac{1}{4}$	13
Palans à fouët...........................	8	98	$1\frac{1}{4}$	65
—————à croc...........................	8	88	$1\frac{1}{4}$	59
—————de chaloupe......................	2	48	$1\frac{1}{4}$	32
—————de bout-de-vergue................	2	50	$1\frac{1}{4}$	33
Aiguillettes de bosses...................	6	30	1	8
Cordage pour étalingure de cable.........		50	1	13
Cordages des Ancres.				
Cables du premier brin...................	1	120	$10\frac{1}{2}$	2484
id. du second brin.......................	1	120	$9\frac{1}{2}$	2087
id.......................................	1	120	7	1143
Grelin...................................	1	120	5	673
Haussière................................	1	110	$4\frac{1}{2}$	462
				12003

Suite du Cutter.	Nombre.	longueur en braſſes.	Groſſeur en pouces.	Poids en livres.
Ci contre..				12003
Hauſſière...	1	100	4	335
Boſſes de bout....................................	2	16	4¾	75
Orin de grandes Ancres............................	3	100	5	486
id. d'ancres à touer............................	1	25	3¼	55
Serre-boſſes......................................	4	32	4½	134

RECHANGE.

	Nombre.	longueur en braſſes.	Groſſeur en pouces.	Poids en livres.
Pièce de cordage..................................	1	60	5	312
id....	1	90	3½	261
id....	1	80	3	160
id....	2	140	2½	182
id....	2	140	2	126
Quaranteniers de 15 fils..........................	2	120	1¾	80
id———— de 12....................................	1	60	1½	32
id————de 9,.....................................	3	150	1¼	60
id———— de 6.....................................	3	150	1	39
Lignes d'amarrage de 6 fils.......................	8	320	.....	40
Merlin & luzin....................................	8	.....	.....	8
Bittord...	50	.....	.....	50
Vieux cables pour garcettes.......................	.....	.....	.....	300

Cordages pour garnitures de vergues, eſtrops de poulies, bâtards de racages, &c.. 253¼

Cordages pour aiguillettes de poulies, de l'étai, du faux étai, & de leurs colliers, cargues & étais des tentes, droſſes, garnitures de poulies; pour les pompes, & garniture; pour la ceinture, ligne, merlin & bittord pour les cadres, pour les pavois & lignes de ſondes; cablots, remorques, ceinture & eſtrops des chaloupes & canots, leurs gréement, bittord, quaranteniers, ligne, merlin pour les amarrages de poulies, taquets, fourrures, filets de baſtingage, fourrures & amarrages des bouées, emboudinures des ancres. &c. 1061½

Total du poids des Cordages d'un Cutter...................... 16053¼

VIe. ÉTAT.

Des proportions & poids des Cordages & rechange qui entrent dans le Gréement & Armement d'un LOUGRE de 10 à 12 Canons.

	Nombre.	longueur en brasses.	Grosseur en pouces	Poids en livres.
Drisse de pavillon	1	30	1	6
GRAND MAT.				
Etai	1	13	6½	111
Amure de la voile double	1	20	2¾	32
Pendeurs pour haubans	4	34	5½	214
Itagues pour *id.*	4	20	3½	51
Itague pour la voile	1	10½	5¼	70
Garant de palan pour *id.*	1	45	3½	115
Etai	1	17	2¼	20
Ride à palan	1	8	1¼	3
Haubans	2	26	2¼	30
Rides d'*idem*	2	12	1¼	5
Itague simple	1	30	3½	76
Drisse	2	28	2½	36
Bras	2	50	1¼	33
Balancines	2	50	1¼	33
Boulines	2	40	1¼	27
Bâtard de racage	1	17	2¼	20
MAT DE MISAINE.				
Itagues pour haubans	4	20	3	40
Pendeurs pour *id.*	4	32	5½	202
Itague de la voile	1	9½	5¼	63
Garant d'*id.*	1	40	3½	102
Amure	1	20	2¼	32
TAPECUL.				
Itagues à palan	2	9½	4½	40
Itague pour la voile	1	10	2½	13
Pendeurs pour le boute-hors	2	7½	3¼	22
Amure	1	12	2¼	19
				1415

Suite d'un Lougre.

	Nombre.	longueur en brasses.	Grosseur en pouces.	Poids en livres.
Ci contre...........................				1415
PETIT MAT DE HUNE.				
Etai...............................	1	25	$2\frac{1}{4}$	29
Galhaubans........................	2	26	$2\frac{1}{4}$	30
Rides d'*idem*.....................	2	16	$1\frac{1}{4}$	11
Itague double.....................	1	30	$3\frac{1}{2}$	76
Drisse............................	1	28	$2\frac{1}{2}$	36
Bras..............................	2	50	$1\frac{1}{4}$	33
Balancines........................	2	48	$1\frac{1}{4}$	32
Boulines..........................	2	38	$1\frac{1}{4}$	25
BEAUPRÉ.				
Sous-barbe simple.................	1	8	$3\frac{3}{4}$	23
Ride pour *id*....................	1	6	2	5
Drisse du grand foc...............	1	36	$3\frac{1}{2}$	104
Ecoute *id*.......................	1	18	$3\frac{1}{4}$	52
Amure *id*........................	1	17	5	88
Calebas...........................	1	30	2	27
Haubans de boute-hors.............	2	14	$4\frac{1}{4}$	52
AUTRES MANŒUVRES.				
Sauve-garde.......................	1	10	$3\frac{1}{2}$	25
Petites *id*. à chaînes...........	2	$7\frac{1}{2}$	$2\frac{1}{2}$	10
Palans à fouet....................	4	40	$1\frac{1}{2}$	21
———à croc.....................	4	40	$1\frac{1}{2}$	21
Pour étalingure des cables........		50	1	13
Cables du premier brin............	1	120	9	1829
id. du second brin..............	1	120	8	1490
id..............................	1	120	6	895
Haussière.........................	1	100	4	335
id..............................	2	180	$3\frac{1}{2}$	458
Bosses de bout....................	2	14	$4\frac{1}{4}$	52
Orins de grandes ancres...........	3	100	4	335
id. d'ancre à tour..............	1	25	3	50
Serre-bosses......................	4	32	4	107
RECHANGE.				
Pièce de cordage..................	1	84	5	436
idem............................	1	90	$3\frac{1}{2}$	261
id..............................	2	160	3	320
id..............................	2	140	$2\frac{1}{2}$	182
id..............................	2	140	2	126
Quaranteniers de 15 fils..........	2	120	$1\frac{1}{2}$	80
id.———de 12.................	1	60	$1\frac{1}{2}$	32
id.———de 9..................	3	150	$1\frac{1}{4}$	60
				9176

Suite d'un Lougre.	Nombre.	longueur en braffes.	Groffeur en pouces.	Poids en livres.
D'autre part..........................				9176
Quaranteniers de 6 fils.......................	4	200	1	52
Lignes d'amarrage de 6 fils...................	10	400	....	50
Merlin & luzin...............................	12	......	....	12
Bittord......................................	100	......	....	100
Vieux cables pour garcetttes...............6.......	....	......	....	600
Cordages pour garnitures de vergues, eftrop de poulies, bâtards de racages, &c. &c................................				$111\frac{1}{2}$
Cordages pour aiguillettes de poulies, amarrage des étais, & leurs colliers, haubans, galhaubans, cargues & étais des tentes, droffes, garnitures de poulies, pour les pompes & garniture, cordage pour la ceinture, ligne, merlin & bittord pour les cadres, pour les pavois & lignes de fondes, cablots, remorques, ceinture & eftrops des chaloupes & canots, leurs gréement, bittord, quaranteniers, ligne, merlin pour les amarrages de poulies, taquets, pour fourrures, filets de baftingage, amarrage des bouées pour les emboudinures des ancres, &c. &c..............................				$885\frac{1}{2}$
Total du poids des cordages d'un Lougre.................................				10987

OBSERVATIONS

SUR LES TABLES QUI PRÉCÈDENT.

J'AI donné ici, au - delà des bornes de mon premier projet, les Tables ou Etats des proportions & poids des Cordages d'un Vaisseau de chaque rang, dans la Marine Françoise : j'aurois voulu pouvoir y joindre de pareilles Tables faites d'après la méthode de la Marine Angloise, différente de la nôtre à bien des égards : j'aurois désiré également y ajouter des Etats des proportions, nombres & poids, des Poulies, Moques, & autres ouvrages de bois & de fer, qui servent à la conduite, & à l'assujettissement des Manœuvres, tant dormantes que courantes.

Je me contenterai, pour le premier objet, (celui des proportions des cordages chez les Anglois) de faire quelques courtes observations qui puissent donner idée de leurs différences comparées avec les nôtres.

1°. Les Anglois donnent en général plus de force que nous aux Manœuvres fixes & dormantes, & sur-tout à celles des bas mâts & aux Galhaubans des mâts de hune & de perroquet, aux Guinderesses, aux Drisses, aux Bras & Ecoutes, des voiles principales ; aux Palans, Caliornes & autres cordages qui ont de gros & de fréquens efforts à supporter.

2°. Il y a plus de similitude, & quelquefois égalité parfaite de grosseur, entre les cordages des divers rangs de Vaisseaux de ligne : & il y a moins de différence que chez nous entre les grosseurs des Manœuvres de ceux-ci, & celles des Frégates & Corvettes. Ce principe a été adopté peut-être pour mettre plus de simplicité dans le service,

& probablement auffi parce qu'il y a des bornes néceffaires aux proportions des cordages, en groffeur & en fineffe, au-delà defquelles bornes un gros cordage devient fuperflu, & un petit ne peut être diminué fans rifque d'être infuffifant, ou de caffer trop fréquemment. Or les groffeurs des manœuvres ne font pas comme les dimenfions refpectives des Vaiffeaux, par plufieurs raifons, dont une feule que j'indiquerai, paroîtra fans doute bien faillante : c'eft que les mêmes hommes, de même grandeur, avec de pareilles mains, manœuvrent fur un Vaiffeau de 100 canons, & fur le plus petit Bâtiment.

3°. Prefque toutes les Manœuvres d'artimon, & celles courantes des huniers, & des perroquets, & autres de peu de conféquence, qui fe remplacent facilement, & à peu de frais, en cas d'accident, font fouvent plus légères chez les Anglois que chez nous.

Mais quoiqu'il puiffe réfulter de l'examen & comparaifon des deux méthodes de gréement, ce ne fera qu'en les combinant avec la fabrication Hollandoife des cordages, qu'on pourra obtenir une grande & fenfible amélioration dans cette partie fi effentielle de la Marine.

Quant au fecond objet (celui des Poulies, &c.) outre que des Etats de proportions & poids des Poulies, & autres articles du même genre, fervant dans le gréement des Vaiffeaux, auroient mené à un travail confidérable, ç'eût été entreprendre un Traité de la Poulierie, qui doit (felon le plan de ces Ouvrages élémentaires, dont j'ai parlé dans mon Avant-propos) être fait féparément, étant fufceptible d'un détail confidérable. C'eft à quoi je donnerai volontiers, par la fuite, quelques loifirs, fi on le croit utile.

NOTE

NOTE

Des Planches & Figures du Traité du Gréement avec la cotte des pages, où chacune est indiquée.

PLANCHE PREMIÈRE.

Relative au premier Livre, Chapitre deuxième, & au second Livre, Chapitre 2, Article 3 de cet Ouvrage.

Livre Premier, Chapitre II.

Tome II.   *h*

PLANCHE DEUXIÈME.

*Relative au Livre premier, Chap. III, Art. 1, & au
Livre II, Chap. III & IV de cet Ouvrage.*

PLANCHE TROISIÈME.

Relative au Livre II, Chapitre III de cet Ouvrage.

h 2

PLANCHE QUATRIÈME.

*Relative au premier Livre, Chap. III, Art. II, III & VI,
de cet Ouvrage.*

Liv. II, Chap. IV, Art. III.

PLANCHE CINQUIÈME.

*Relative au Livre second, Chapitre premier, Article I & II
de cet Ouvrage.*

Cette Planche repréfente une Frégate garnie des principaux
cordages des mâts, appelés Haubans & Galhaubans, décrits
aux pages 95 & fuivantes, 102 & fuivantes.

PLANCHE SIXIÈME.

*Relative au Livre second, Chapitre premier, Articles I, III
& IV de ce Traité.*

PLANCHE SEPTIÈME.

*Relative ou Livre premier, Chapitre III, Article VII, &
au Livre fecond, Chapitre premier, Article III & VI de
ce Traité.*

PLANCHE HUITIÈME.

Relative au Livre second, Chapitre I, Art. IV, de ce Traité.

PLANCHE NEUVIÈME.

*Relative au Livre second, Chapitre premier, Articles V &
VI de ce Traité.*

PLANCHE DIXIÈME.

*Relative au Livre second, Chapitre deuxième, Articles I,
II & IV, & Chapitre IV, Article II, de ce Traité.*

La figure dix-septième, au haut de la Planche, représente
une vergue tenue à son mât, avec une partie de la voile,
pour montrer le Marche-pied................... *Pag.* 135
La figure 18 représente une mâture de vaisseau, compo-
sée du bas mât ou mât majeur, (soit le grand mât, soit

celui de mifaine) du mât de hune & du mât de perroquet,
pour montrer principalement :

PLANCHE ONZIÈME.

Relative au Livre fecond, Chapitre deuxième, Articles IV
& V, de ce Traité.

Cette Planche repréfente une Frégate, avec tous fes mâts
& fes vergues, pour montrer les cordages des vergues,
favoir :

PLANCHE DOUZIÈME.

Relative au Livre fecond, Chapitre III, Article I de ce
Traité.

Les figures 10 & 21 montrent à elles deux toutes les voiles du Vaiffeau, qui n'auroient pu paroître affez diftinctes
dans une feule figure.

PLANCHE TREIZIÈME.

Relative au Livre second, Chapitre III, Article I de cet Ouvrage.

Cette Planche repréfente les trois voiles quarrées, placées l'une au-deffus de l'autre, fur la même mâture d'un Vaiffeau; (baffe voile, hunier & perroquet) pour montrer le détail de leurs parties, coûtures, bandes & renforts de toile, falingues & herfeaux, &c.

Ces voiles étant féparées en deux, chacune par la moitié, le côté droit marqué E, montre la furface antérieure ou de l'avant de ces voiles; & le côté gauche marqué D, montre la furface intérieure ou l'arrière de ces mêmes voiles.

PLANCHE

PLANCHE QUATORZIÈME.

Relative au Livre second, Chapitre IV, Articles III, IV & V de ce Traité.

Livre premier, Chapitre III, Article IV.

Nota. La fig. 6, qui n'existe pas, a été citée par erreur dans le texte : il faut voir à la place les figures 25 & 26 de la Planche II, qui représentent l'élingue à pattes. Figures 7, 9, 10 & 11. Elingues de corde............... *Page* 270

PLANCHE QUINZIÈME.

Ayant rapport au Livre second, Chapitre IV, Article V; §. 2, & au Chapitre V, Articles I, II & III du même Livre.

La figure 2 représente une Ancre dessinée géométralement, du côté du prolongement de ses pattes.

Figure 3. La même du côté du prolongement du jât.

Figure 4. Projection des bras & des pattes de l'Ancre, vue par dessous.

PLANCHE SEIZIÈME.

Relative au Livre second, Chapitre V, Articles II & III.

PLANCHE DIX-SEPTIÈME.

Relative au Chapitre II du Livre troisième.

PLANCHE DIX-HUITIÈME.

Cette Planche (*relative au Livre second, depuis la page 90 juf-qu'à celle 171*) comprend, dans une feule figure de Frégate, tous les cordages des mâts & ceux des vergues, qui font re-préfentés chacun féparément, dans les Planches V, VII & XI.

Elle a rapport auffi au Chapitre premier du Livre III, pages 367, 368 & fuivantes.

PLANCHE DIX-NEUVIÈME.

Relative au Chapitre I du Titre troifième de cet Ouvrage.

PLANCHE VINGTIÈME.

Relative au Chapitre III, Articles I, II, III, IV & V du Livre troifième. Defcription des Bâtimens Latins.

PLANCHE VINGT-UNIÈME.

Relative au Chapitre III, Articles IV & VI du Livre troifième de ce Traité.

PLANCHE VINGT-DEUXIÈME.

*Relative au Chapitre III, Articles III, VII, VIII & X
du Livre troisième de ce Traité.*

PLANCHE VINGT-TROISIÈME.

*Relative aux Articles IX, XI, XII & XIII du Chapitre III
du Livre troisième de ce Traité,*

PLANCHE VINGT-QUATRIÈME.

*Relative au Chapitre III, Articles XIV, XV, XVI &
XVII du Livre III de cet Ouvrage.*

Nota. Dans le difcours le rapport eft indiqué mal-à-propos à la figure 23, Planche XXVI.

PLANCHE VINGT-CINQUIÈME.

Relative au Chapitre III, Articles XVIII, XIX, XX & XXII.

PLANCHE VINGT-SIXIÈME.

Relative au Chapitre I, §. 12, & au Chapitre III, Articles XXII, XXIII, XXIV, XXV & XXVI du Livre troifième de cet Ouvrage.

PLANCHE VINGT-SEPTIÈME.

Relative au Chapitre IV, Articles I & VII du Livre troifième de ce Traité.

PLANCHE VINGT-HUITIÈME.

Relative au Chapitre IV, Articles V, du Livre III.

Cette Planche repréfente une Caracore, bâtiment des mers de l'Inde : la figure Iere la repréfente en perfpective ou élévation, avec fa voile : la figure 2e la montre en plan, ou a vue d'oifeau........ *Page* 443

PLANCHE VINGT-NEUVIÈME.

Relative au Chapitre IV, Article VI du Livre III.

Cette Planche repréfente un Pros-volant, forte de bâtiment très-léger des Ifles Mariannes.

La figure 1ere. repréfente en élévation, ou en perfpective : la figure 2e. le montre en plan, ou à vue d'oifeau........................*Pages* 449 à 457

PLANCHE TRENTIÈME.

Relative (pour les figures 1 , 2 & 3) au supplément du Livre second & pour les autres, au Chapitre IV, Articles VIII & IX du Livre troisième de ce Traité.

PLANCHE TRENTE-UNIÈME.

Relative au Chapitre du Livre III, Articles VI & X de cet Ouvrage.

PLANCHE TRENTE-DEUXIÈME.

Relative au Livre III, Chapitre IV, Article IX de ce Traité.

PLANCHE TRENTE-TROISIÈME.

Relative au Livre III, Chapitre IV, Article IX, § 2 & 3 de ce Traité.

PLANCHE

PLANCHE TRENTE-QUATRIÈME ET DERNIÈRE.

Cette Planche (qui auroit dû être la dix-neuvième, mais qui a été faite après coup) *est relative à tout le Livre second, qui traite du Gréement propre des vaisseaux ; & surtout au Chapitre III , Art. II , III, IV, V, VI , VII & VIII , qui traitent des manœuvres ou cordages des voiles, & au supplément du Livre second.*

Elle représente une Frégate avec tous ses cordages ou manœuvres, qui sont les mêmes, quant à la disposition générale, que dans les plus gros Vaisseaux de ligne.

Je n'ai pas mis de lettres ni de chiffres indicatifs , de chaque manœuvre, ou cordage ; d'abord parce que leur multiplicité auroit fait confusion à l'œil, & rendu le dessin moins net ; & ensuite parce qu'il m'a paru plus utile à l'instruction des jeunes gens qui étudieront les détails de cet Ouvrage, de leur laisser chercher eux-mêmes sur la figure, avec le discours sous les yeux, chacun des objets qui y sont rassemblés. Ils feront encore mieux (lorsqu'ils le pourront) de les voir sur un Vaisseau armé & gréé.

OBSERVATION GÉNÉRALE

SUR CES PLANCHES.

APRÈS avoir donné la note du contenu de ces Planches, je dois faire quelque mention de leur exécution, dont j'espère qu'on sera satisfait. La plus forte moitié a été gravée par mon ancien coopérateur en ce genre, M. Yves Legouaz, qui n'a pu se charger de la totalité, comme je l'aurois désiré, forcé par des travaux exigés par ses engagemens avec l'Académie des Sciences. Aux talens éminens de l'Artiste, qui semblent être l'apanage de sa famille, ce Graveur joint une connoissance exacte du Gréement des Vaisseaux, & des détails de Marine, qui l'a mis à même de faire mieux que mes dessins.

Presque tout le reste de ces Planches a été exécuté avec goût & attention par un bon Artiste, M. Masquelier.

M. de Fleurieu, qui depuis le principe a honoré cet Ouvrage de son attention particulière, a bien voulu aussi me faire remarquer, en revoyant les épreuves de ces Planches, quelques fautes & inattentions. Je prie mes Lecteurs de vouloir bien observer que, quoique cet Ouvrage voye le jour sous son Ministère, il étoit imprimé avant que ses connoissances & ses longs services de Marin & d'Administrateur l'y eussent porté, comme naturellement. Je fais cette remarque afin que ce que j'ai pris la liberté de dire dans l'Avant-propos, qui n'est cependant qu'un simple narré des faits, ne puisse être regardé comme une adulation faite au Ministre.

TABLE ALPHABÉTIQUE

Des Termes de Marine, relatifs au Gréement, ou autres, qui par occasion se trouvent définis dans le cours de ce Traité.

A.

C.

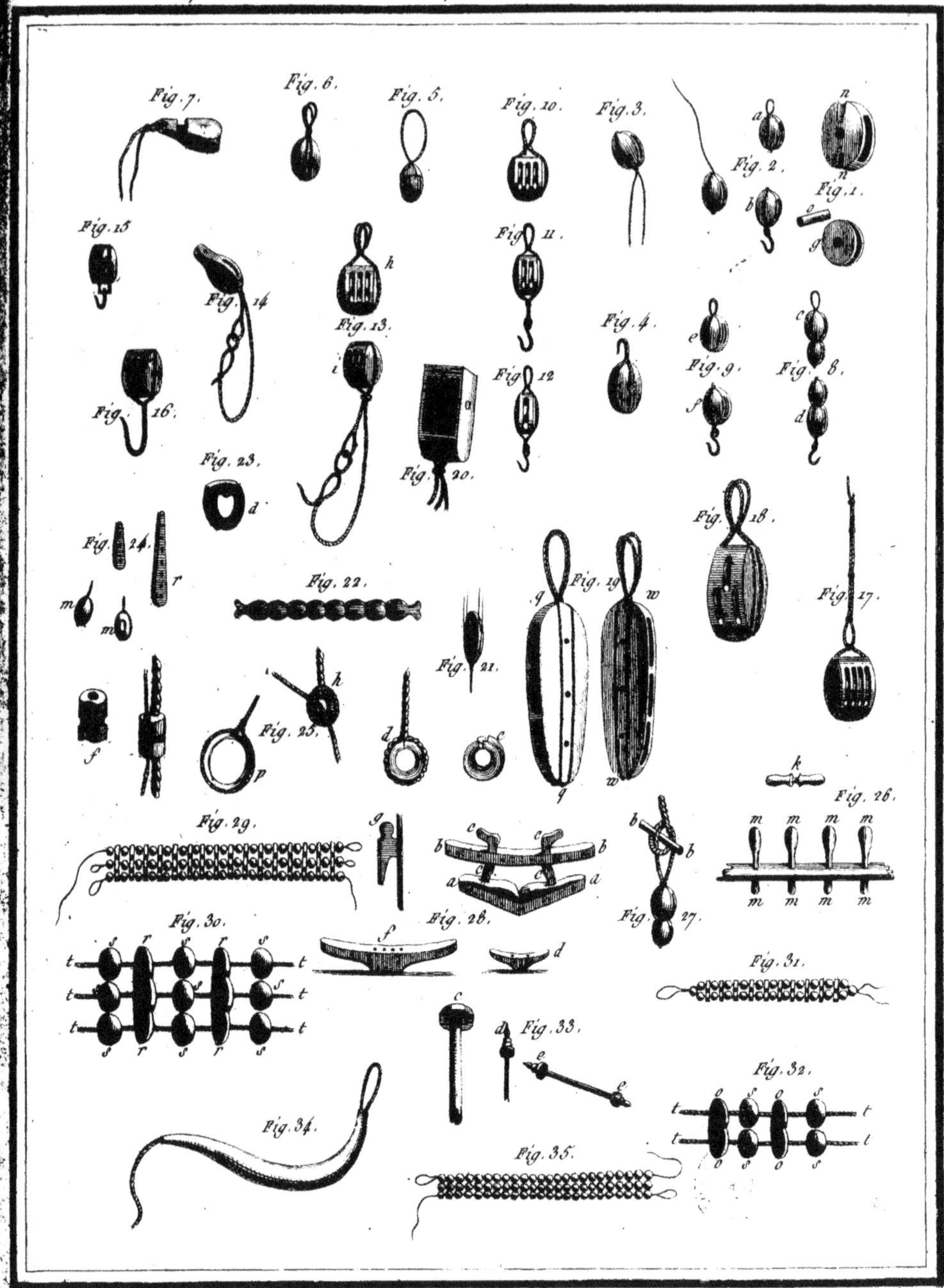

Fig. 7.
Fig. 6.
Fig. 5.
Fig. 10.
Fig. 3.
Fig. 2.
Fig. 1.
Fig. 15.
Fig. 11.
Fig. 14.
Fig. 13.
Fig. 12.
Fig. 4.
Fig. 9.
Fig. 8.
Fig. 16.
Fig. 23.
Fig. 20.
Fig. 18.
Fig. 24.
Fig. 22.
Fig. 19.
Fig. 17.
Fig. 21.
Fig. 25.
Fig. 26.
Fig. 29.
Fig. 28.
Fig. 27.
Fig. 30.
Fig. 31.
Fig. 33.
Fig. 32.
Fig. 34.
Fig. 35.

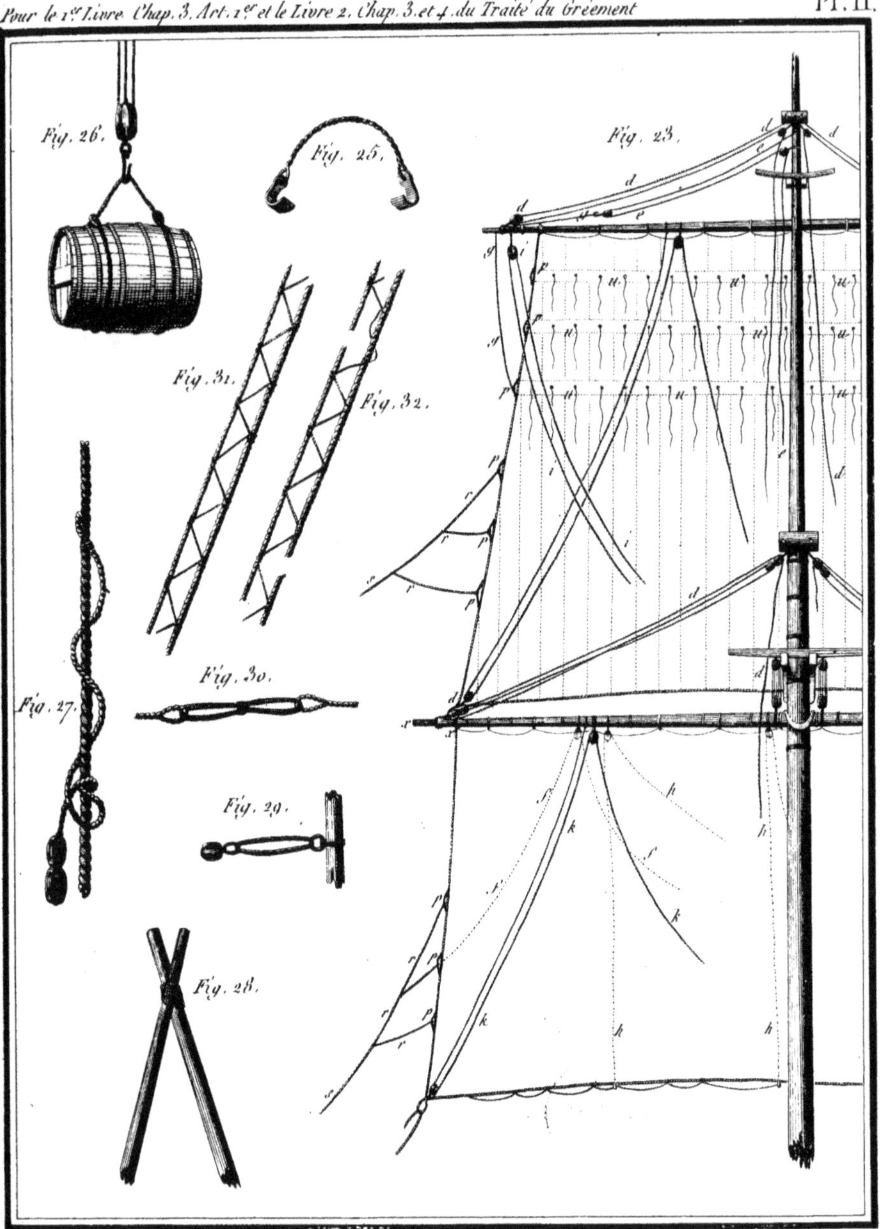

Gravé par Y. le Goutx d'après le dessin de M.r Lescallier.

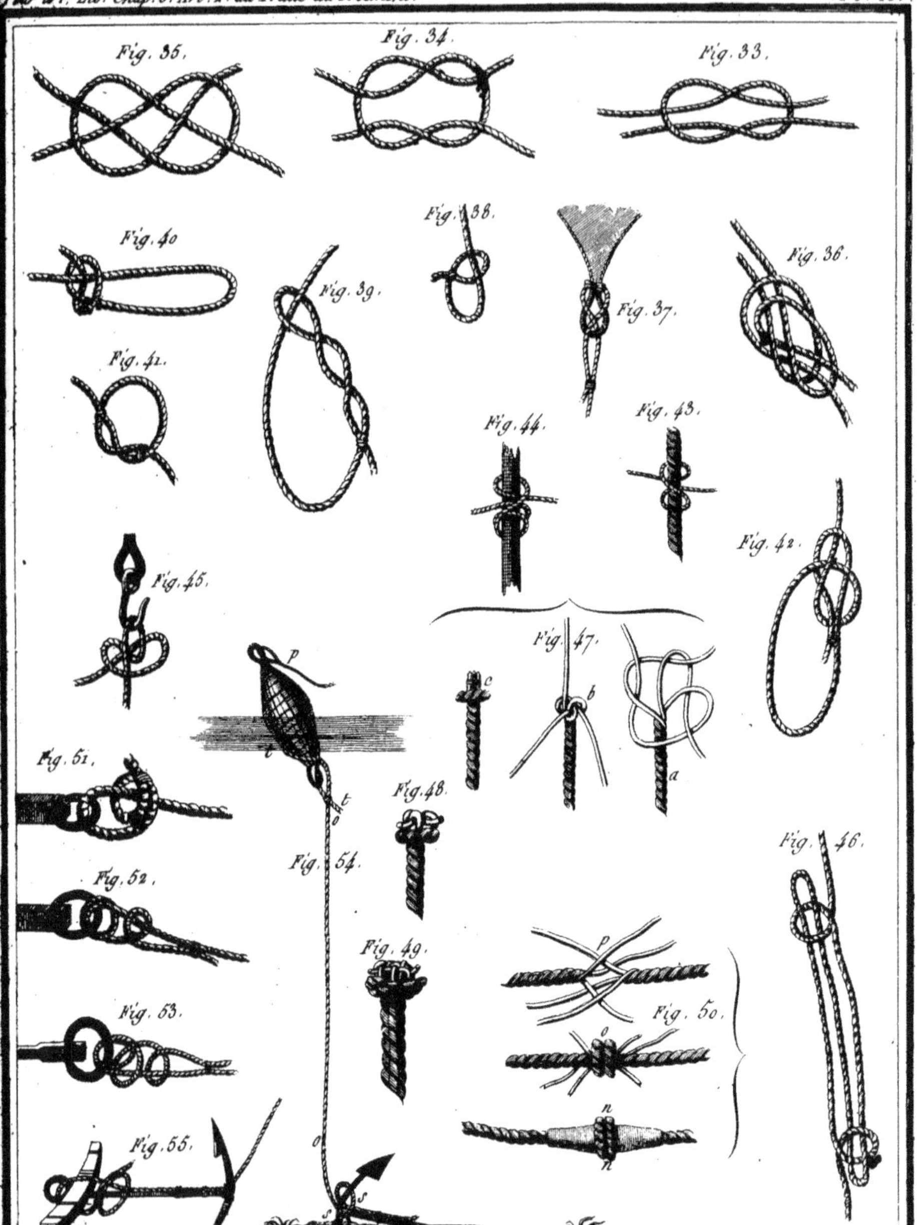

Fig. 35.
Fig. 34.
Fig. 33.
Fig. 40.
Fig. 38.
Fig. 36.
Fig. 39.
Fig. 37.
Fig. 41.
Fig. 44.
Fig. 43.
Fig. 42.
Fig. 45.
Fig. 47.
c
b
a
Fig. 51.
P
Fig. 48.
Fig. 46.
Fig. 52.
t
o
Fig. 54.
Fig. 49.
P
Fig. 53.
o
Fig. 50.
n
Fig. 55.
o
n
s

Pl. IV.

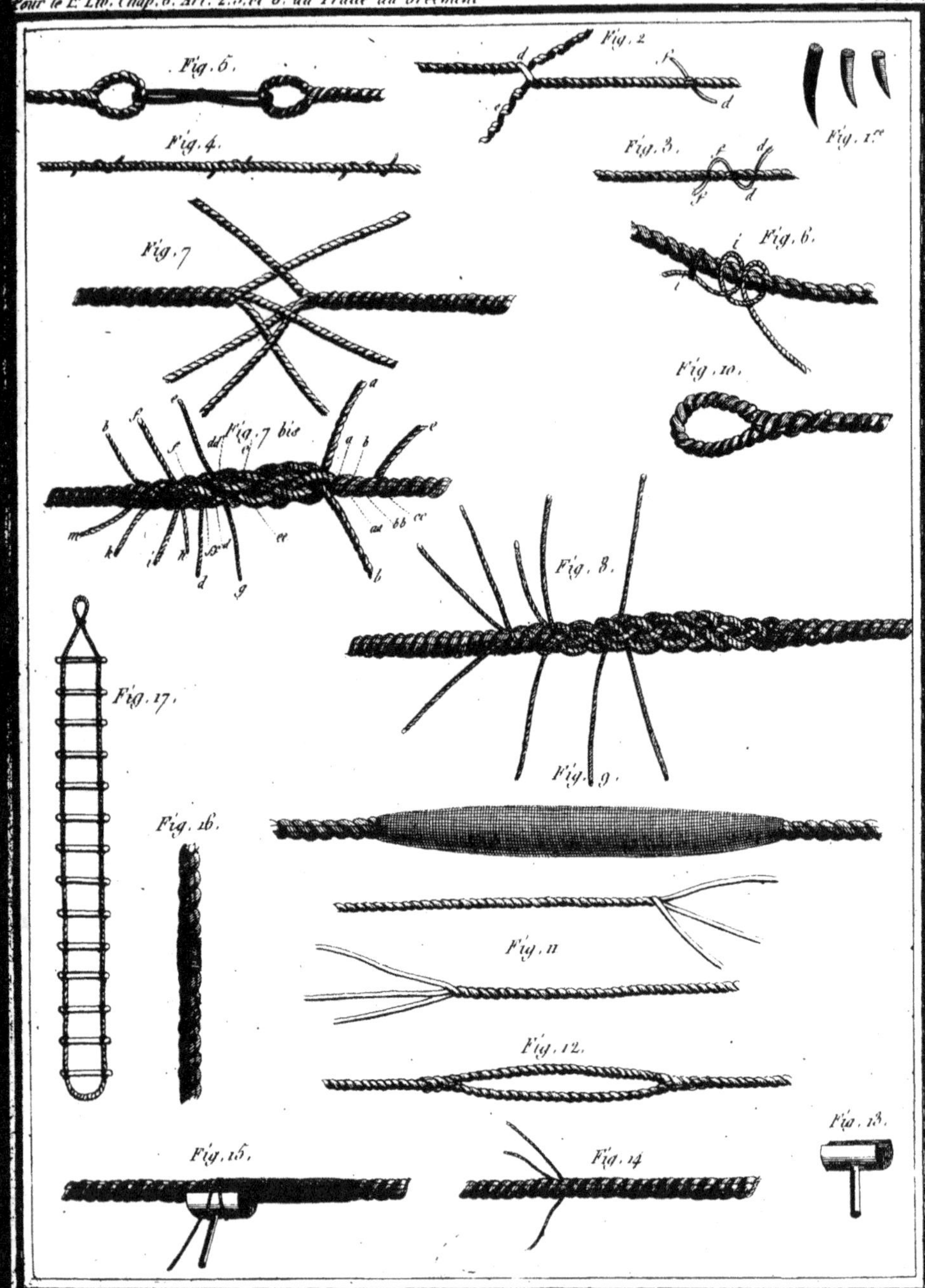

Gravé par N. F. J. Masquelier, d'après le Dessin de M.r Lescallier

Gravé par Y. le Gouax, d'après le Dessin, de Mr Lescallier.

Pour le 2. Livre Chapitre 1er. Art. 1. et 3. du Traité du Gréement

Pl. VI.

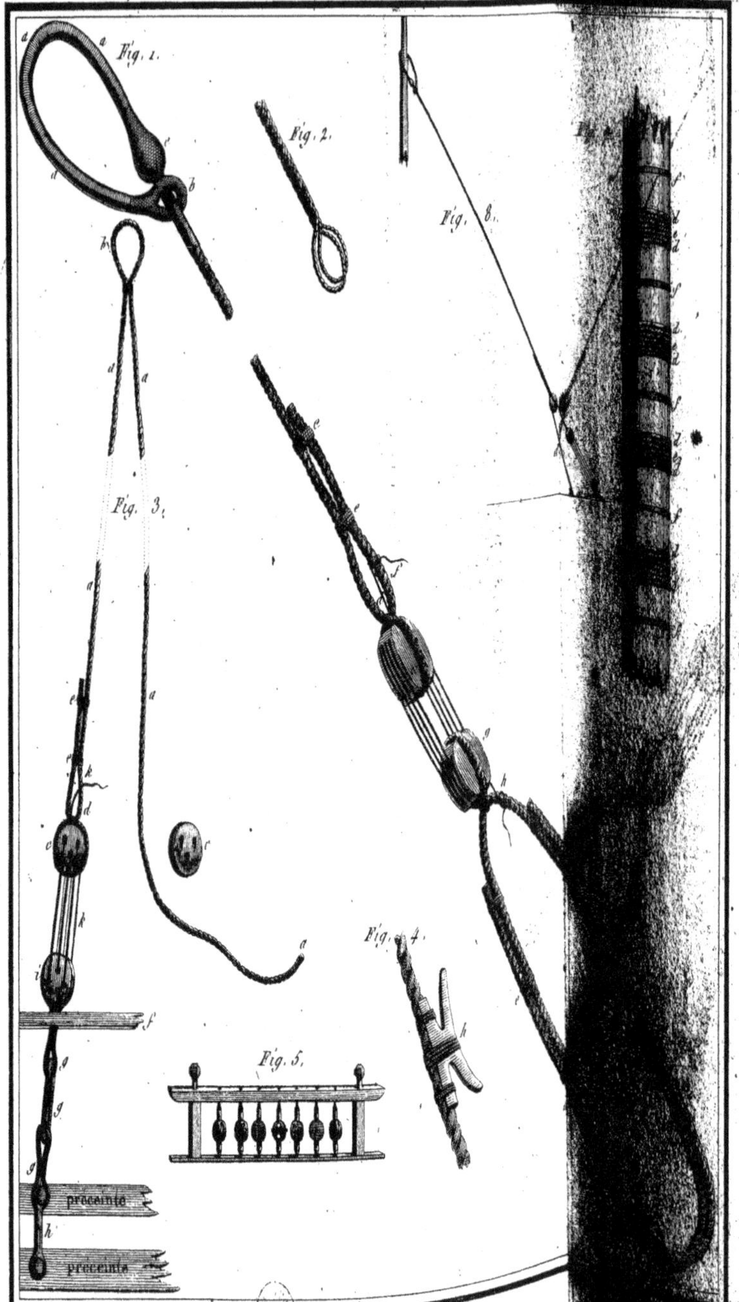
Fig. 1.
Fig. 2.
Fig. 8.
Fig. 3.
Fig. 4.
Fig. 5.
préceinte
préceinte

Gravé par Y. le Gouaz d'après le Dessin de Mr. Lescallier

Gravé par I. le Gouaz, d'après le Dessein de M.ʳ Lescallier

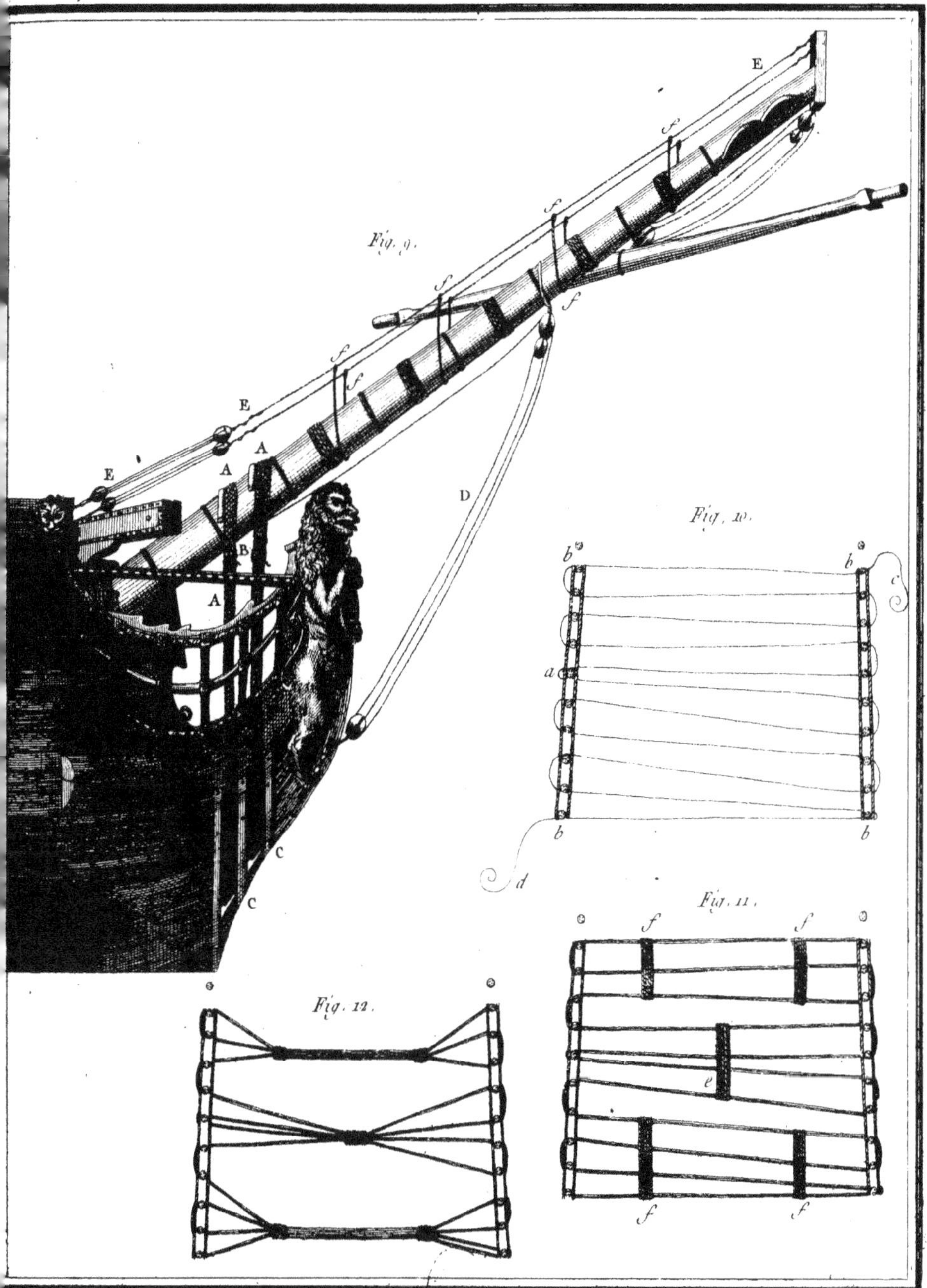
Fig. 9.
E
E
A
E
A
A
B
A
B
D
c
c
Fig. 10.
b
b
c
a
a
b
b
d
Fig. 11.
f
f
e
f
f
Fig. 12.

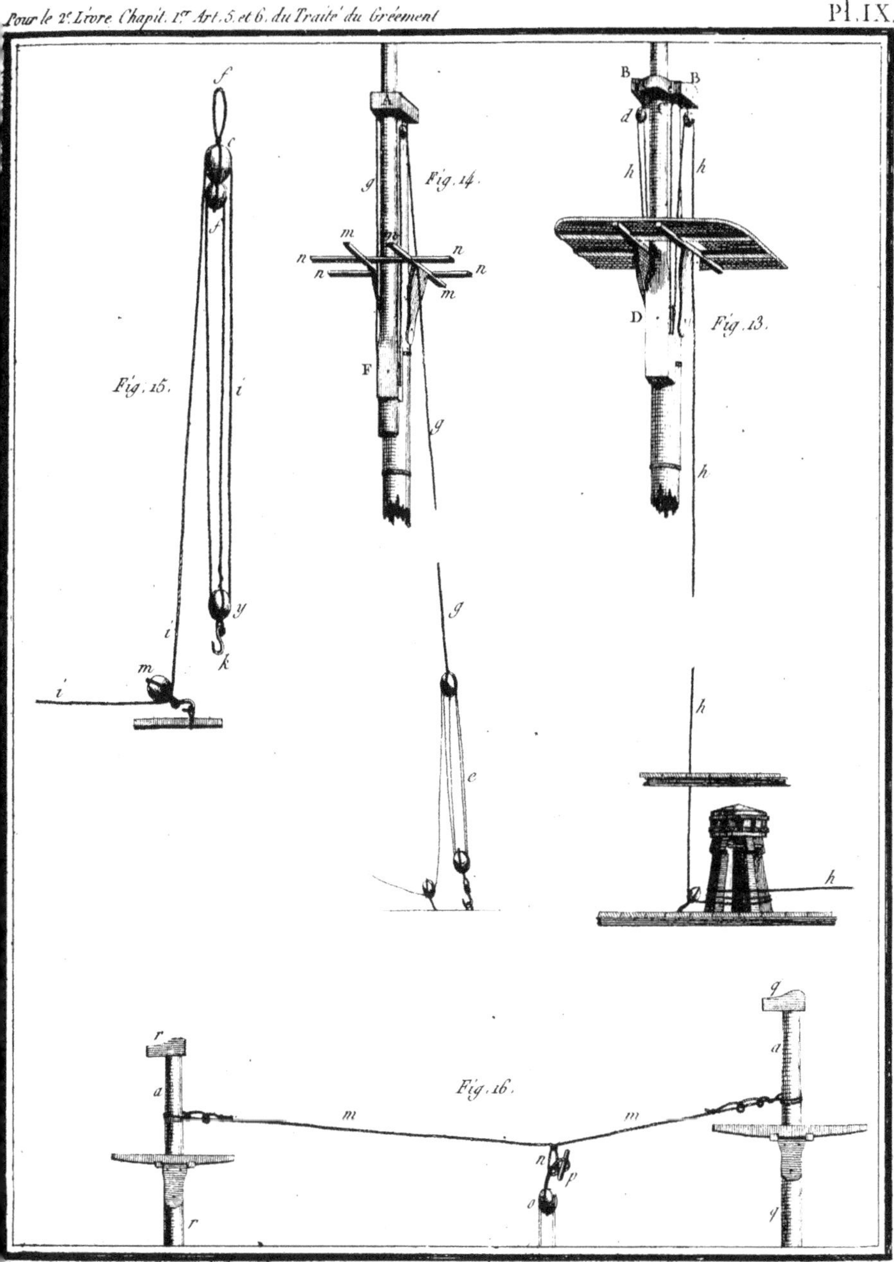
Fig. 15.
Fig. 14.
Fig. 13.
Fig. 16.

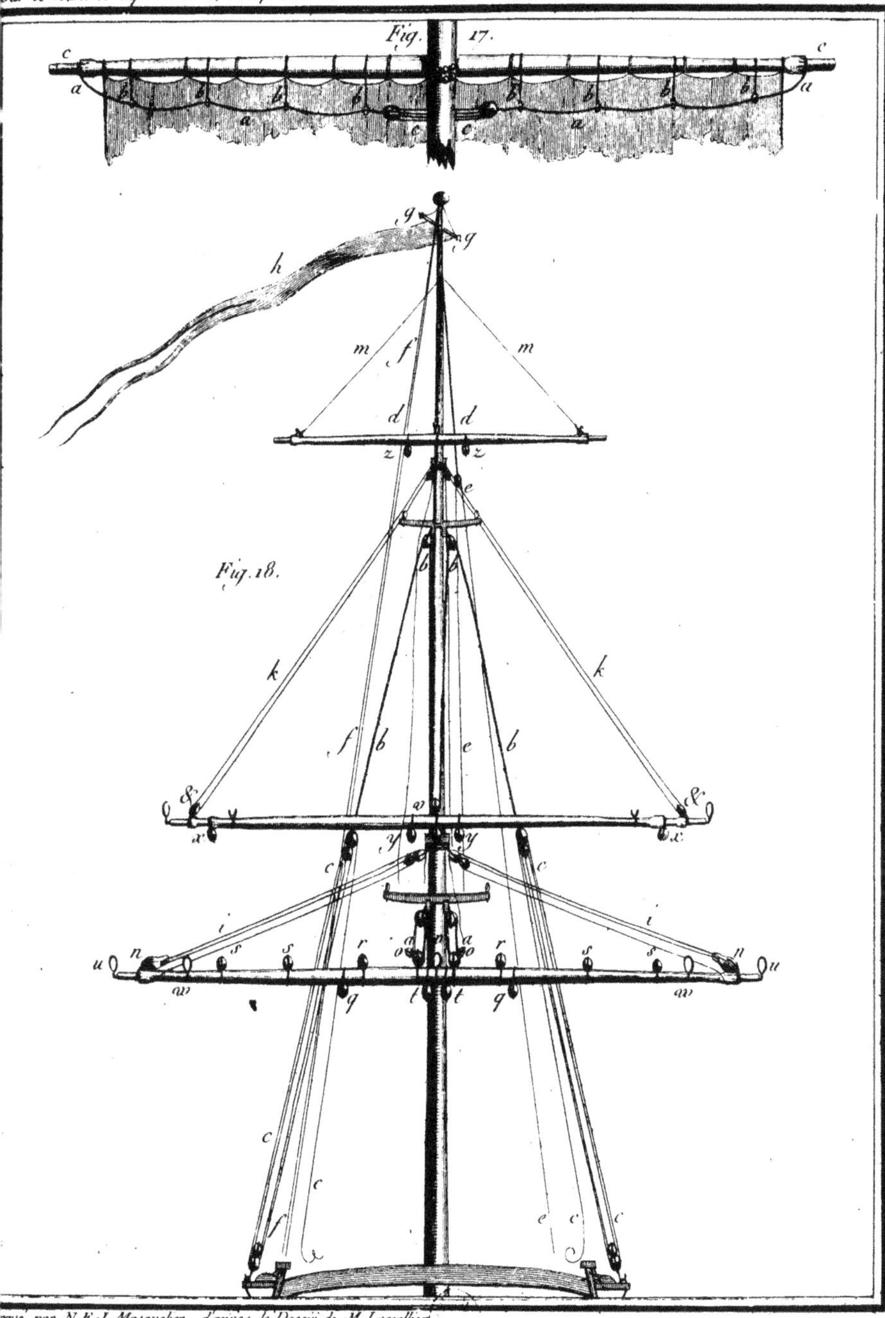

Fig. 17.
Fig. 18.

Gravé par Y. le Gouaz d'après le Dessin de M.r Lescallier.

Fig. 21.

Fig. 20.

Gravé par Y. le Gouaz d'après le Dessin de Mʳ. Lescallier.

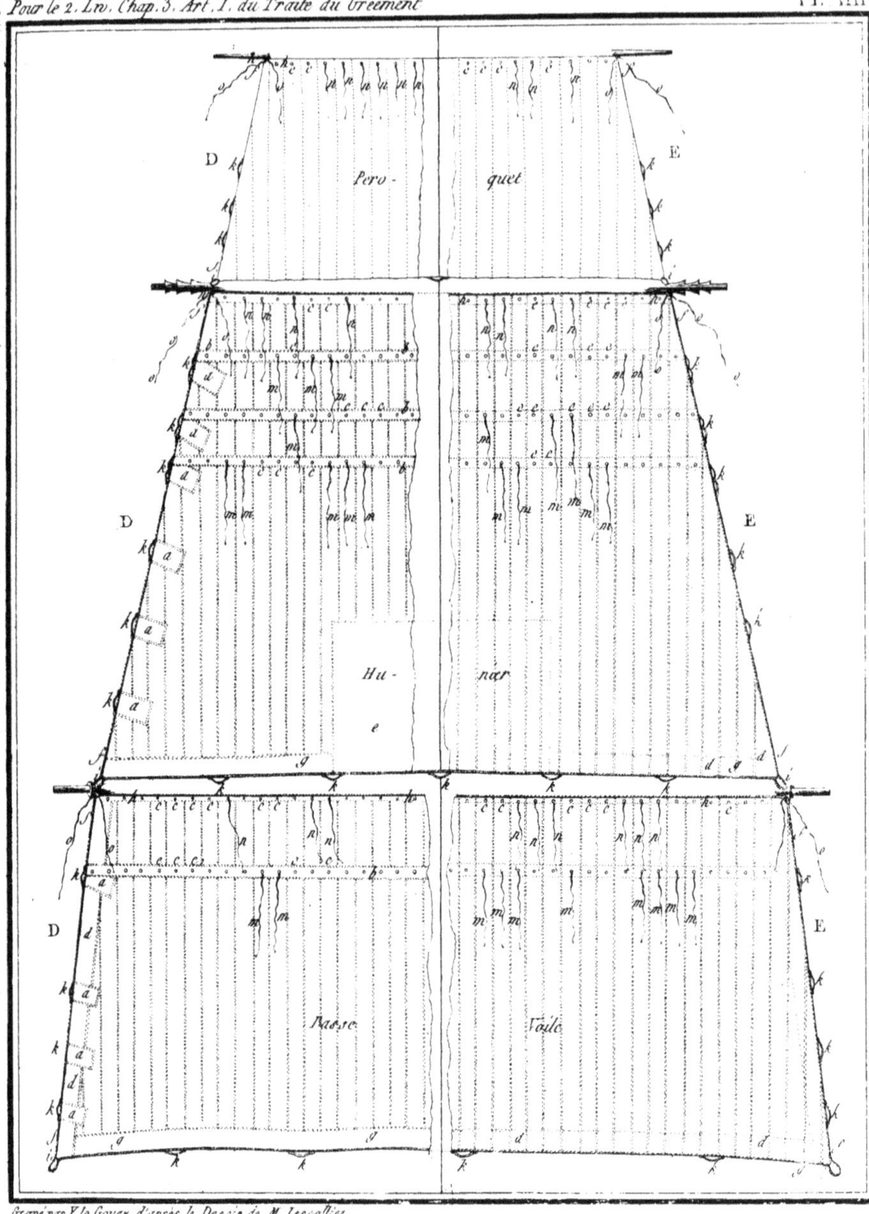

Gravé par Y. le Gouaz d'après le Dessin de M. Lescallier.

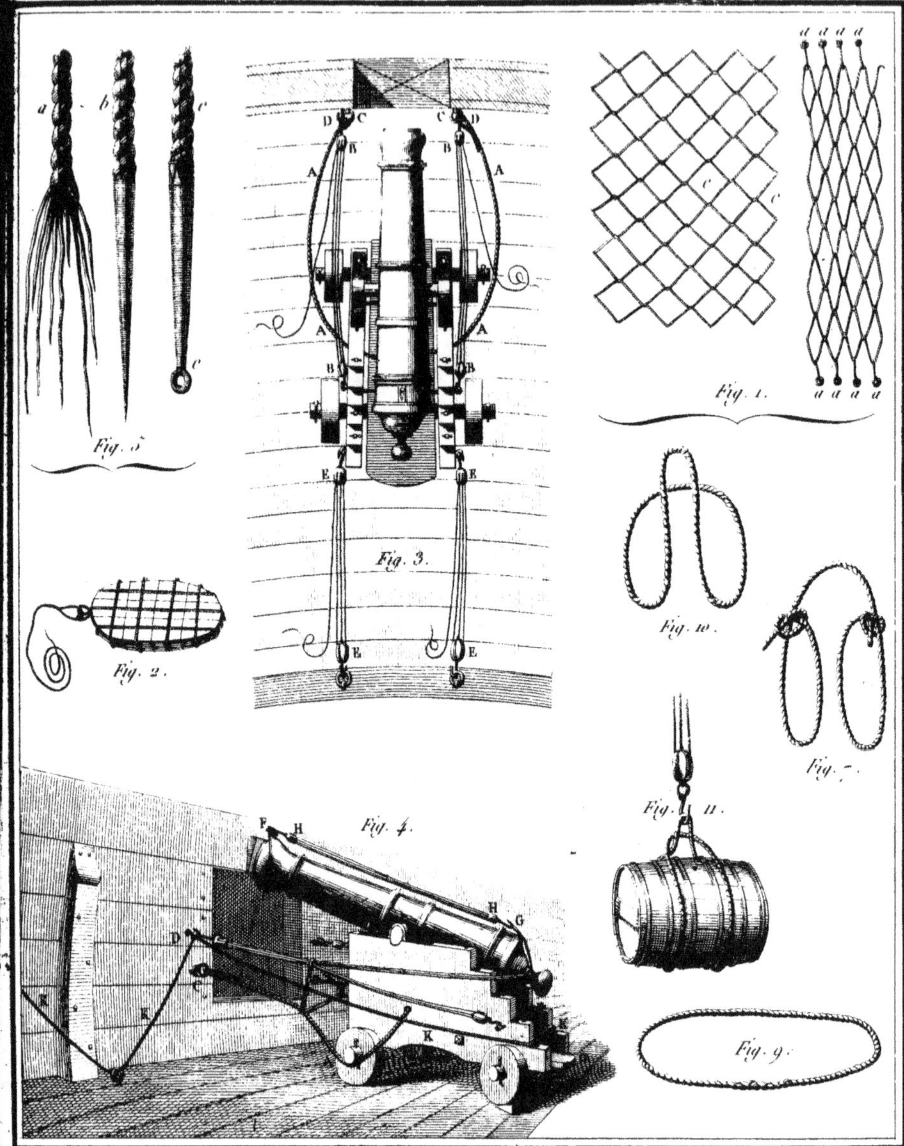

a b c
Fig. 5.
Fig. 2.
D C C D
A A
A A
B B
E E
Fig. 3.
E E
a a a a
c c
Fig. 1.
a a a a
Fig. 10.
Fig. 7.
Fig. 11.
F H
H
G
D
C
E
E
K K
Fig. 4.
Fig. 9.

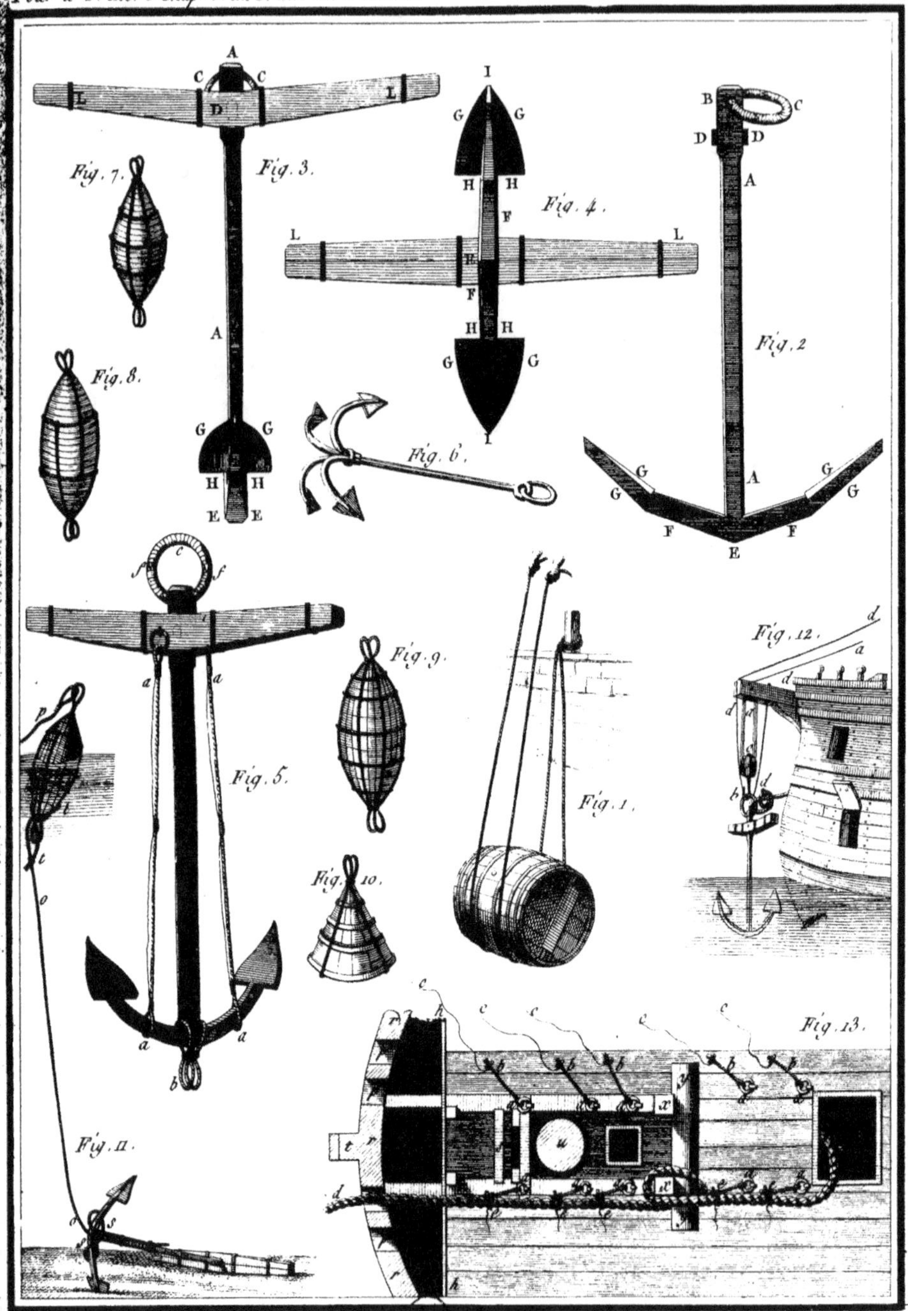

Gravé par F. le Gouaz d'après le Dessin de M.ʳ Lescallier.

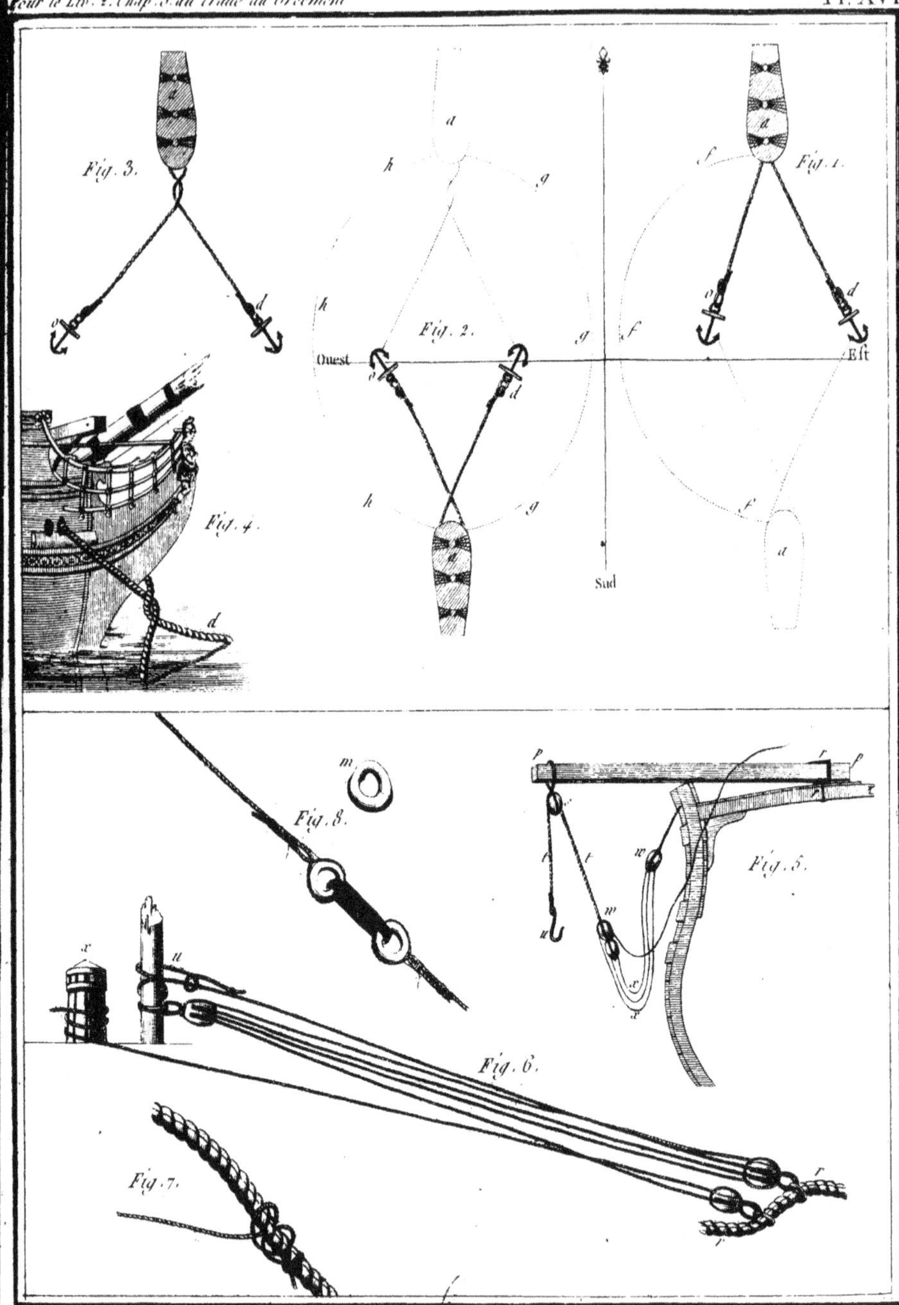
Fig. 3.
o
d
Fig. 4.
d
a
h
g
Fig. 2.
Ouest
o
d
g
f
Est
h
g
Sud
f
a
Fig. 1.
f
o
d
a
m
Fig. 8.
p
r
p
w
w
Fig. 5.
x
u
Fig. 6.
Fig. 7.
r
r

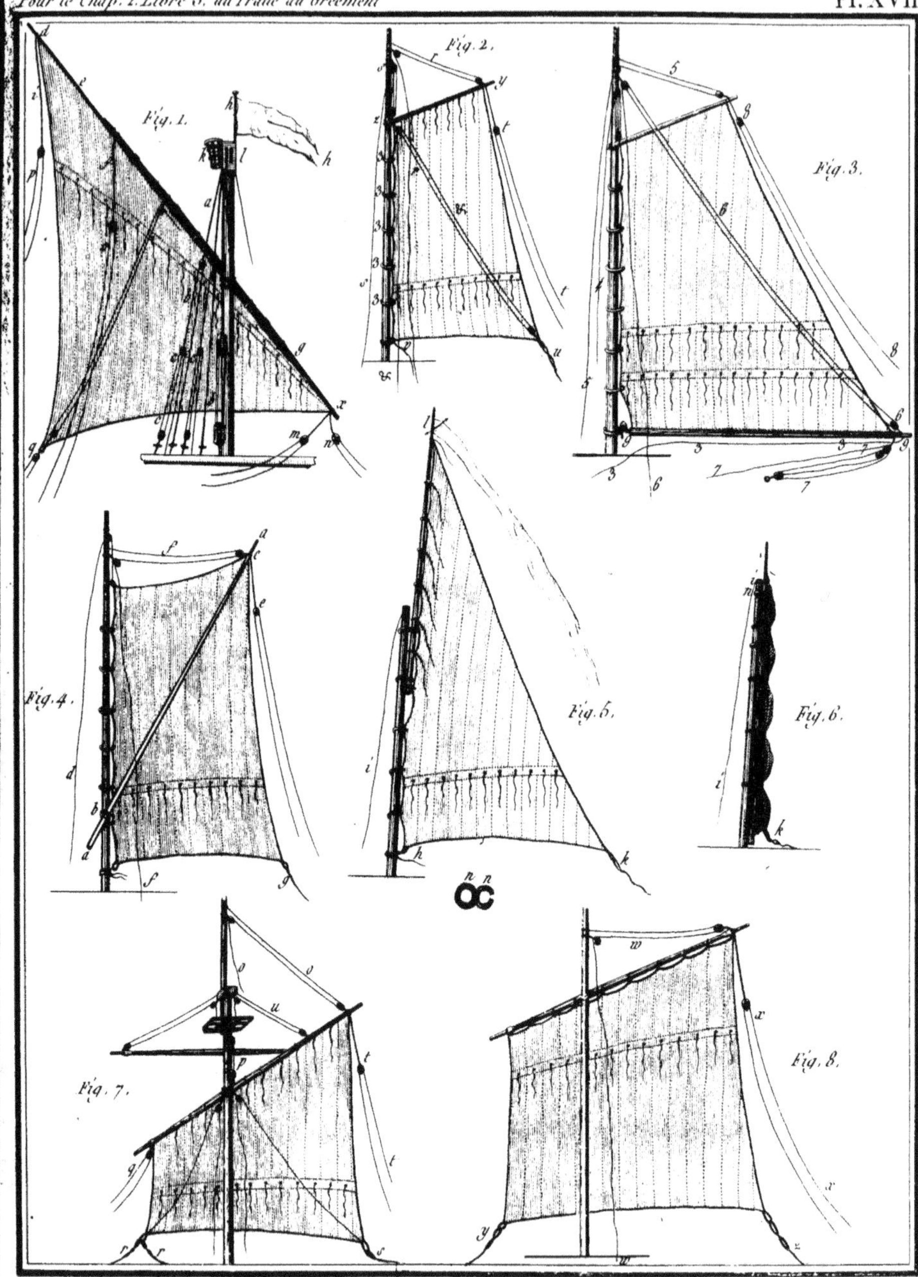

Gravé par Y. le Gouaz d'après le Dessin de Mr. Lescallier

Gravé par Y. le Gouaz, d'après le Dessin de Mr. Lescallier.

Gravé par N. F. J. Masquelier, d'après le Dessin de M. Lescalier.

Fig. 1.

Fig. 2.

Gravé par N. F. J. Masquelier d'après le Dessin de M. Lescallier.

Fig. 3.

Fig. 4.

Gravé par Petit d'après le dessin de M. Lescallier.

Gravé par Y. Le Gouaz d'après le Dessin de M. Lescallier.

Fig. 12.
Fig. 9.
Fig. 11.
Fig. 10.

Gravé par Petit d'après le dessin de M. Lescallier.

Gravé par Petit d'après le dessin de M. Lescallier.

Gravé par N. F. J. Masquelier, d'après le Dessin de M. Lescallier.

Gravé par Y. Le Gouaz d'après le Dessein de M. Lescallier.

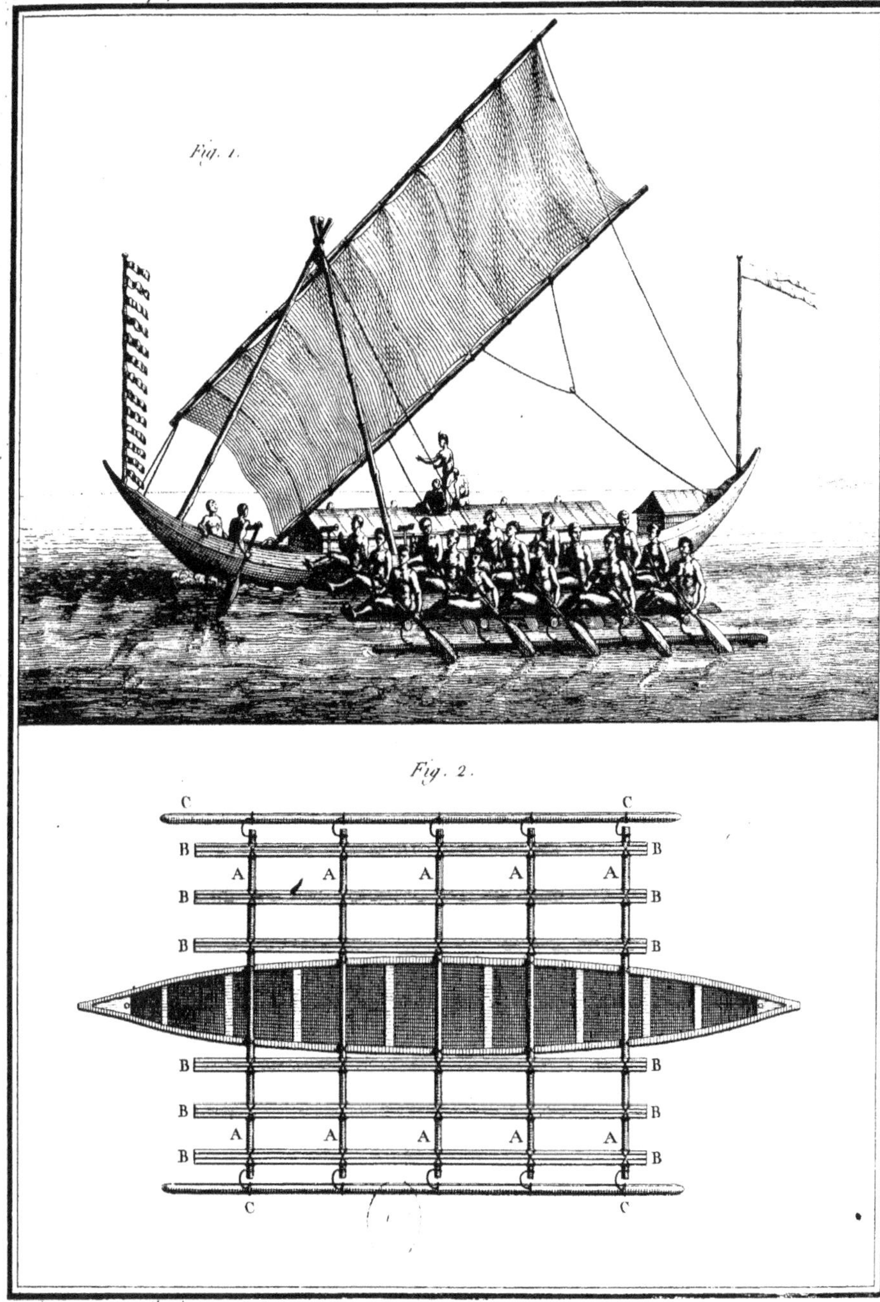
Fig. 1.
Fig. 2.
C
C
B
B
A
A
A
A
A
B
B
B
B
B
B
B
B
A
A
A
A
A
B
B
C
C

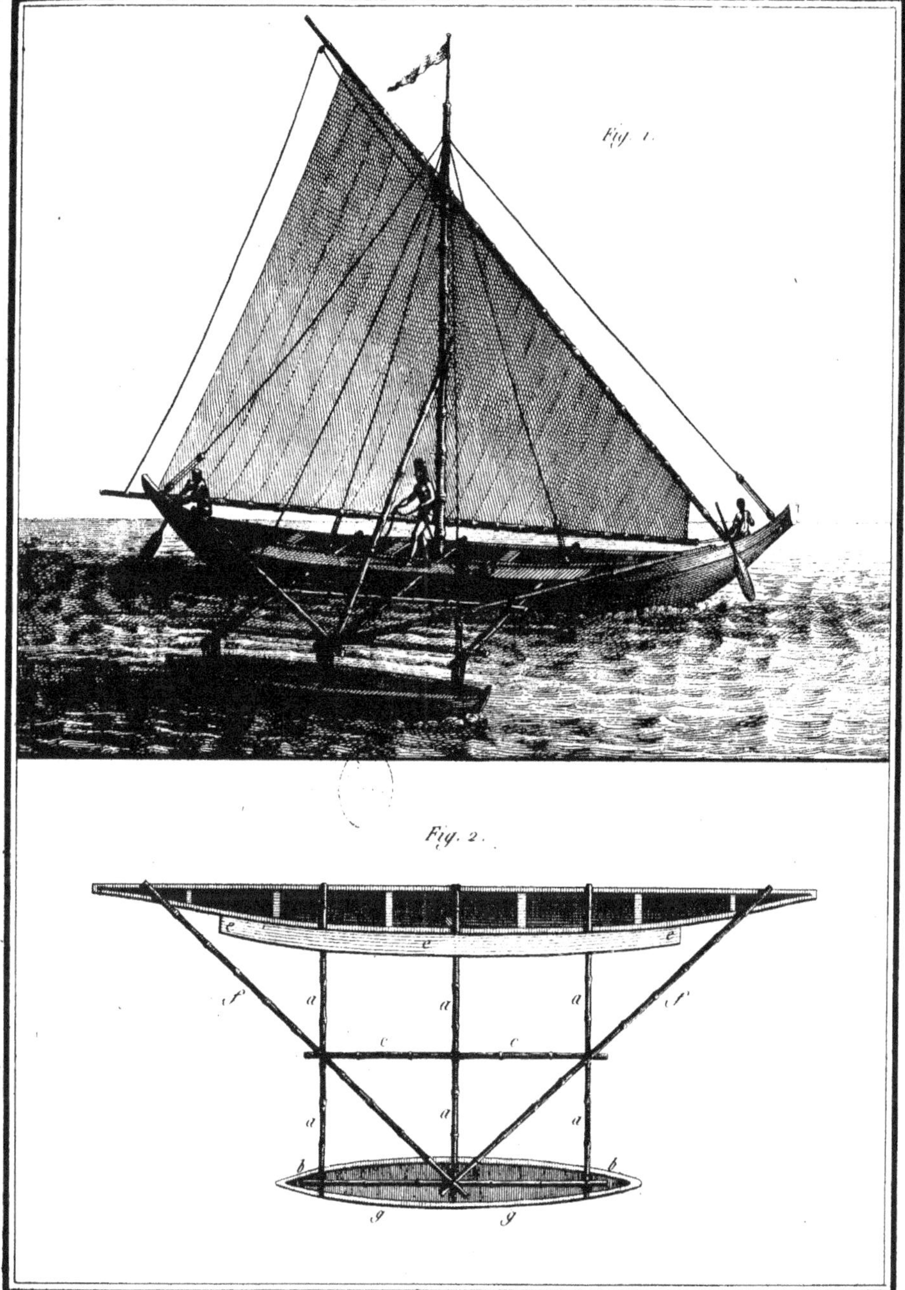

Fig. 1.

Fig. 2.

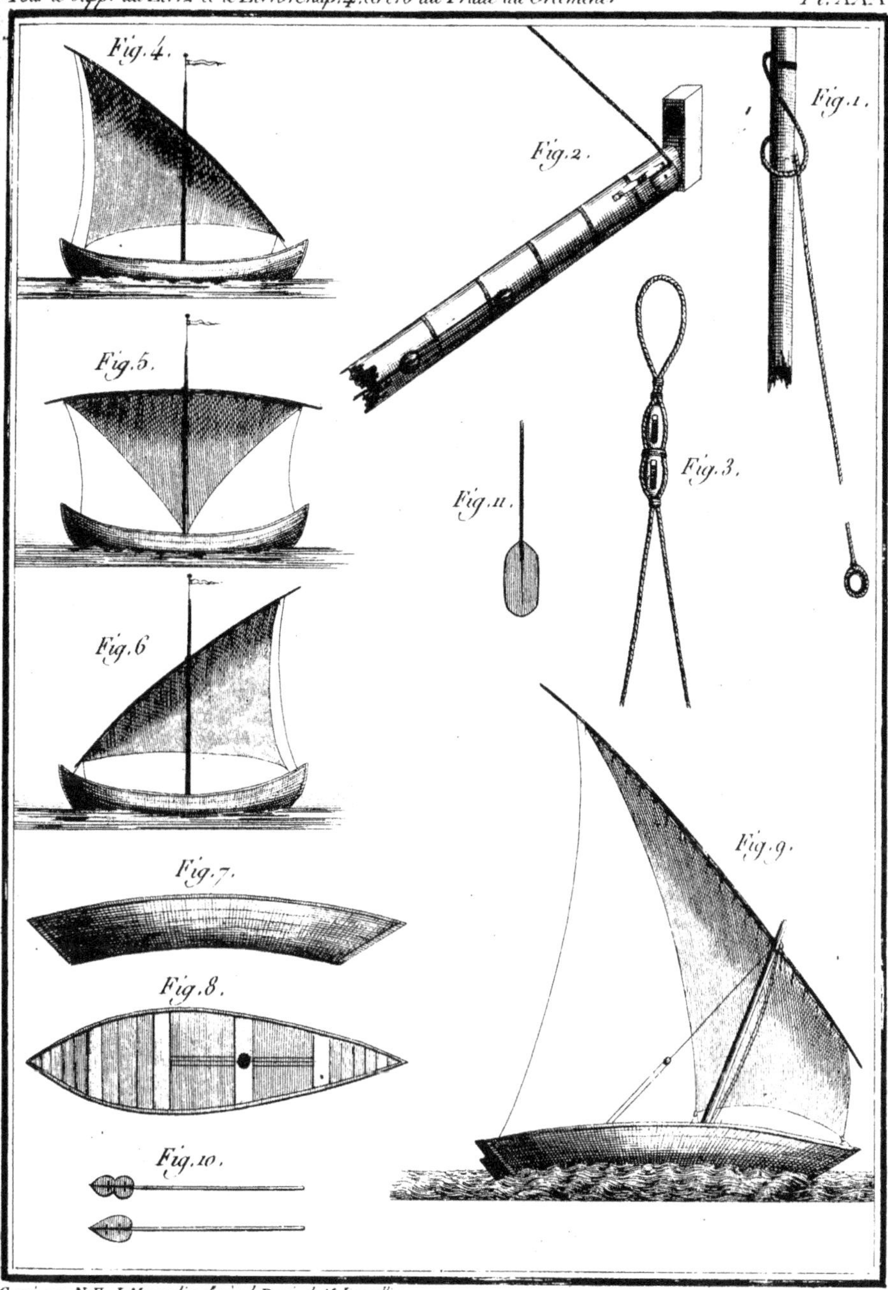
Fig. 4.
Fig. 5.
Fig. 6.
Fig. 7.
Fig. 8.
Fig. 10.
Fig. 2.
Fig. 11.
Fig. 3.
Fig. 1.
Fig. 9.

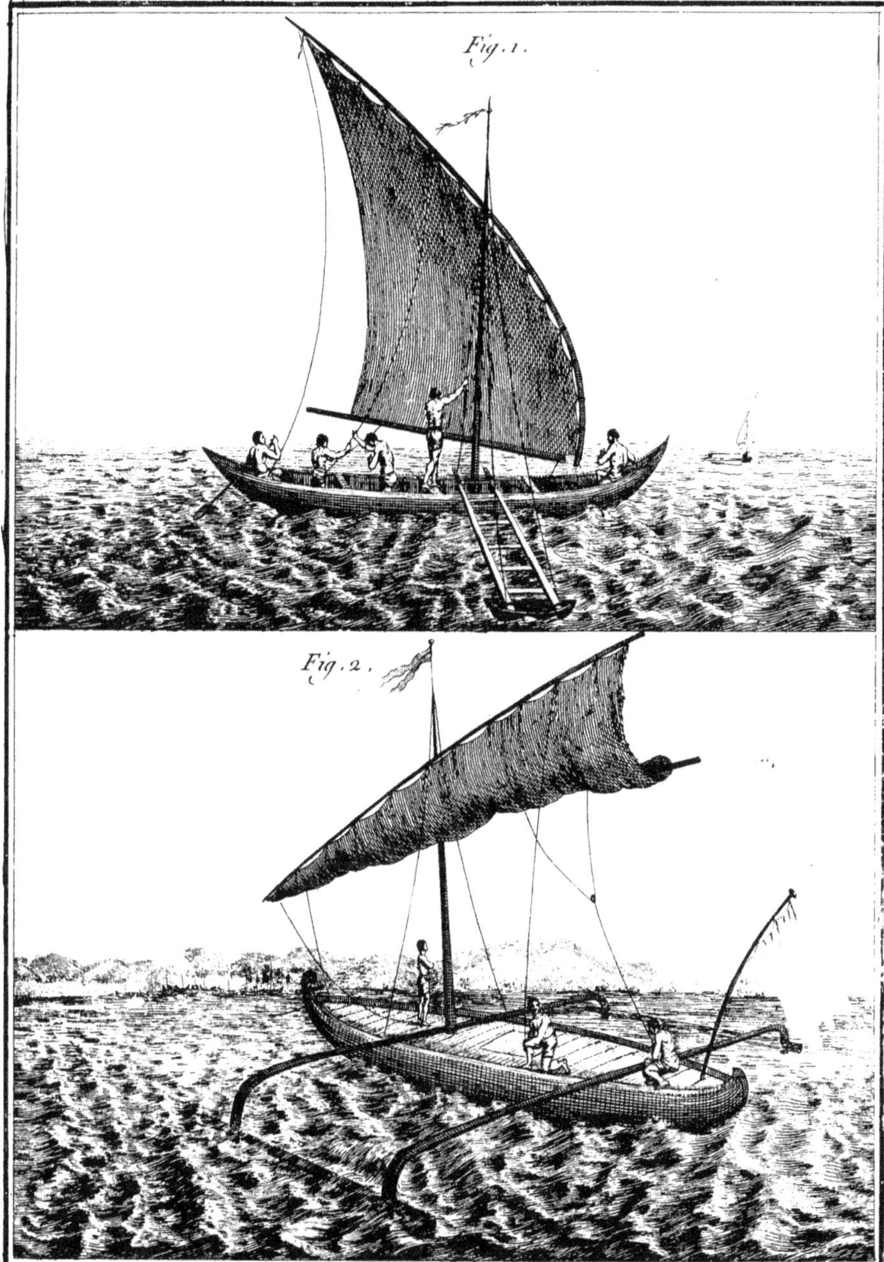

Gravé par N.F.J. Masquelier, d'après le Dessin de M. Lescallier.

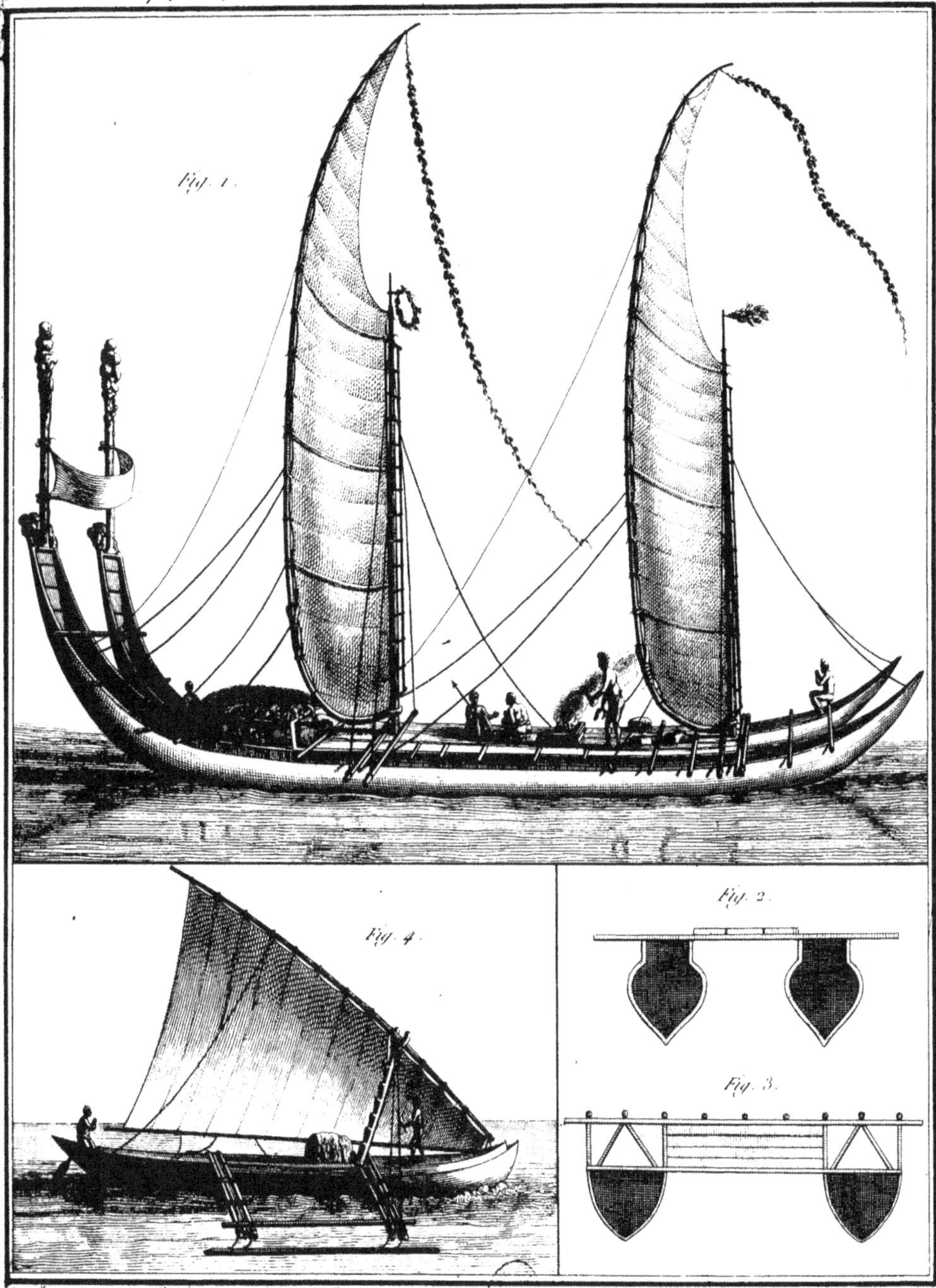

Gravé par Y. Le Gouaz d'après le Dessin de M. Lescallier.

Piroque double, de Tongatabo
Fig. 1, Page 479.

Piroque double, des Isles Sandwich,
Fig. 2, Page 484.

Gravé par Y. Le Gouaz, d'après le Dessin de M. Lucas/lier.

TABLE

DU TRAITÉ PRATIQUE

D U

GRÉEMENT DES VAISSEAUX.

LIVRE PREMIER.

CHAPITRE PREMIER.

CHAPITRE DEUXIÈME.

a

CHAPITRE TROISIEME.

(3)

LIVRE SECOND.

CHAPITRE PREMIER.

CHAPITRE DEUXIÈME.

(7)

CHAPITRE TROISIÈME.

ART. II.

b

CHAPITRE QUATRIÈME.

CHAPITRE CINQUIÈME.

SUPPLÉMENT AU LIVRE SECOND.

CHAPITRE PREMIER.

CHAPITRE DEUXIÈME.

CHAPITRE TROISIÈME.

CHAPITRE

CHAPITRE TROISIÈME.

CHAPITRE QUATRIÈME.

TABLE

DU CONTENU AU TOME SECOND

DU TRAITÉ PRATIQUE

DU

GRÉEMENT DES VAISSEAUX.

Viennent à la ſuite les trente-quatre Planches par ordre
de Numéro, depuis I juſqu'à XXXIV.

FIN de la Table des matières.

www.ingramcontent.com/pod-product-compliance
Lightning Source LLC
LaVergne TN
LVHW051032200726

843508LV00001B/294